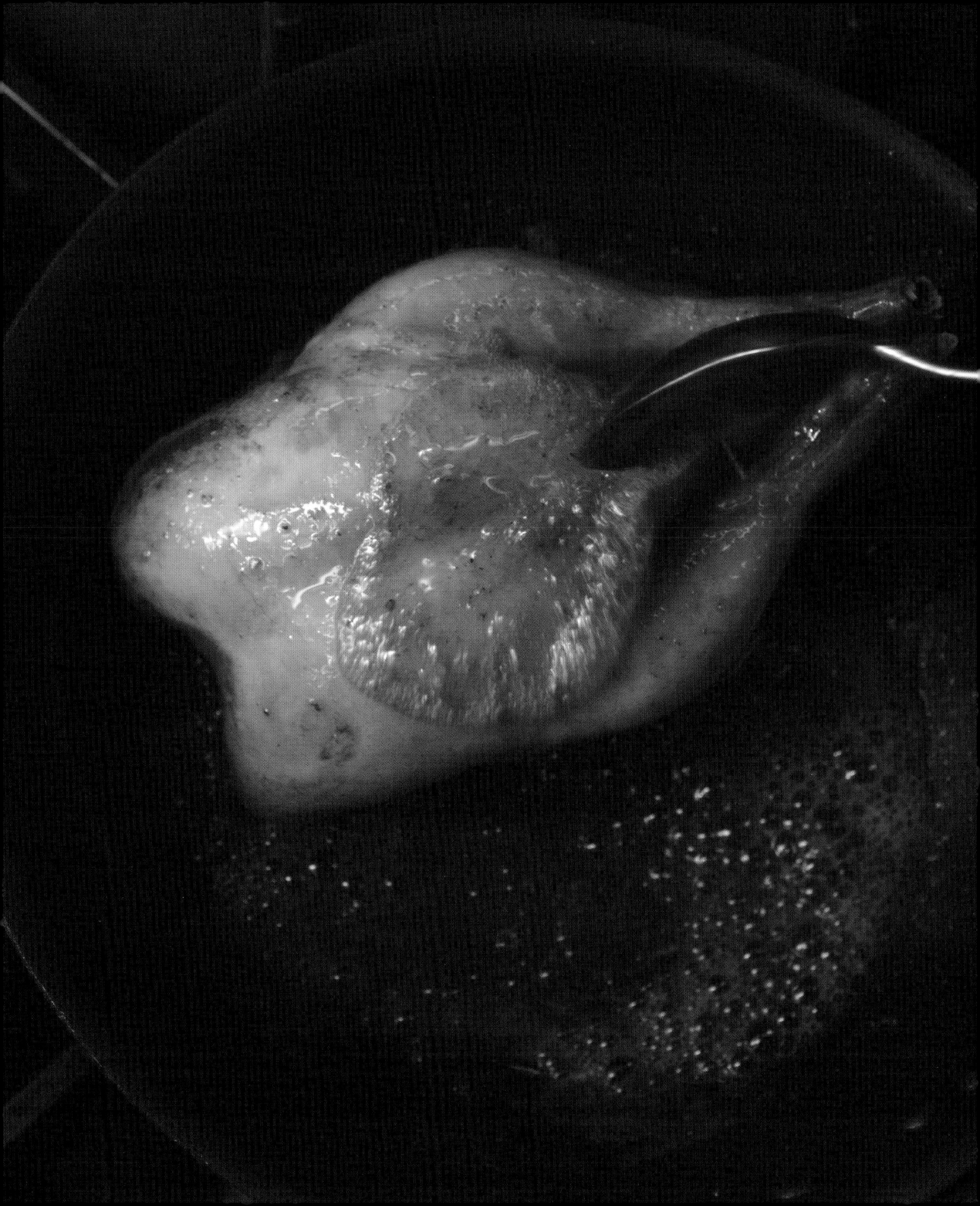

손질부터 조리까지 자세히 알려주는

닭요리의 기술

프랑스요리
⟨Ginza L'écrin⟩
Takara Yasuyuki

이탈리아요리
⟨Convivio⟩
Tsuji Daisuke

일본요리
⟨IFUU⟩
Kameda Masahiko

중국요리
⟨Azabu choko koufukuen⟩
Tamura Ryosuke

new
CHICKEN
cooking

손질부터 조리까지 자세히 알려주는

닭요리의 기술

정통요리와 응용레시피 82

GREENCOOK

변화한 닭요리의 기술을 이 한 권에

닭고기의 매력은 동서양 요리의 구별 없이 사용할 수 있고, 요리방법이 다양해서 활용도가 높으며, 가격도 부담이 없다는 것이다. 또한 육류 중에서는 비교적 소화가 잘 되서 먹기 좋은 식재료이며, 껍질을 제거하고 요리하면 돼지고기나 소고기보다 칼로리가 낮고 고단백이라는 것도 많은 사랑을 받는 이유이다.

최근에는 닭고기, 그중에서도 특히 가슴살에 피로예방에 효과적인 성분이 많이 함유되어 있다는 사실이 밝혀졌으며, 피로예방뿐 아니라 노화방지와 관계 있는 항산화작용, 면역조절작용, 당뇨병예방에도 큰 효과가 있을 것으로 기대되고 있다.

이 책은 10년 전에 발행된 스테디셀러인 『닭요리』의 내용을 모두 새로 취재하여 만들었다. 여러 가지 손질방법과 육수 내는 방법, 정통요리 등을 다룬 기본편에서는 예전 책처럼 사진을 많이 넣어서 알기 쉽게 설명하였다. 또한 예전에는 프랑스요리, 일본요리, 야키도리(닭꼬치), 중국요리로 분류하였지만, 새롭게 만든 『닭요리의 기술』에는 이탈리아요리가 새롭게 추가되었다.

이 책에서 소개한 정통요리 메뉴 중에는 예전 책과 같은 것도 있지만, 사용하는 도구와 요리방법 등은 최근 10년 동안 크게 변화하였다.

예를 들면 컨벡션오븐이 보급되고 저온가열조리법이 도입되었으며, 예전에는 소비자의 선호도가 닭다리살에 편중되었지만 최근에는 닭가슴살의 좋은 점이 부각되고 있는 것 등이다.

앞으로 조리과학에 대한 연구가 계속되면 지금의 요리방법도 변화할 것이다. 그럴 때 무엇보다 중요하게 생각해야 할 것은 기본 기술과 그에 대한 이해이다. 왜 그렇게 작업하는지, 그 의미를 이해한다면 그 기술을 온전히 내 것으로 만들 수 있다.

이 책이 그런 과정에 도움이 된다면 매우 기쁘겠다.

CONTENTS

일러두기

- 레시피 중 올리브유는 특별한 표시가 없을 경우 엑스트라버진 올리브유를 사용한다. 또한 버터는 무염버터를 사용한다.
- 레시피 중 (→p.00)이라 표시된 경우, p.00에 구체적인 설명이 나와 있으므로 참조한다.
- 수량을 표시하는 숫자에 단위가 없는 것은 비율을 의미한다.
- 재료의 분량은 기본적으로 사진에 나온 요리 1접시 분량(1인분)이며, 예외인 경우에는 몇 인분인지 분량을 표시했다.
- 관련 용어에 대한 설명은 p.226 참조

살코기를 촉촉하게

중심 온도가 65℃를 넘지 않게 가열한다

남은 열을 이용한다

단백질은 고온에서 단단하게 응고된다. 가슴살, 다리살 등 모든 부위의 근육 주변에는 콜라겐으로 이루어진 근막이 있는데, 콜라겐도 단백질이므로 65℃가 넘으면 근막이 수축하기 시작하고 육즙이 빨래를 짜듯이 흘러나온다.(→ p.164 칼럼 참조)

콜라겐이 수축되는 온도인 65℃를 넘지 않게 가열하기 위해서는 불에서 내린 다음 남아 있는 열을 이용하는 것도 중요하다. 알루미늄포일 등으로 덮어서 따뜻한 곳에 두면, 온도가 빨리 내려가지 않아서 남은 열을 오래 유지할 수 있다.

껍질을 바삭하게

탈수, 건조, 그리고 기름을 끼얹어 바삭하게 완성한다

소금을 뿌려서 수분을 제거하고 뜨거운 물을 끼얹어 껍질을 펴준 다음, 찰계수(물엿과 식초, 설탕으로 만든다 / p.130 참조)를 골고루 발라서 건조시킨다. 마무리로 저온의 기름을 끼얹어 익히고, 고온의 기름으로 바삭하게 완성한다. 중국요리의 독특한 기술로 닭의 몸통을 감싸고 있는 껍질에서 수분을 빼고 껍질의 주성분인 콜라겐에 열을 가해 수축시켜서 껍질을 팽팽하게 만든 다음, 캐러멜화시켜서 바삭하게 만드는 것이다.

껍질을 노릇하게

평평하게 눌러서 굽는다

천천히 가열하면서 기름이 많은 껍질쪽을 주로 굽는다. 닭 몸통을 1장으로 펼쳐
서 구울 경우, 날개나 다리 등에는 굴곡이 있기 때문에 고르게 익히려면 몸통을 평
평하게 만들어야 한다. 마이야르 반응에 의해 먹음직스럽게 구워진 색과 고소한
냄새, 수분이 빠져나가 말라서 생기는 바삭한 식감은 껍질의 또 다른 매력이다.

전체를 고르게

일정한 모양으로 정리한다

꼬치구이처럼 몇 조각씩 꼬치에 꽂을 경우에는 두께가 비슷한 것끼리 모아서 꽂는다. 또한 로스트치킨처럼 통째로 조리하는 경우에도 마찬가지로 전체가 고르게 익도록, 네모난 상자 모양으로 정리한다.

일정한 두께로 갈라서 펼친다

다리살과 가슴살을 좌우로 갈라 펼쳐서 두께를 일정하게 만든다. 두께를 고르게 만들어서 익히지 않으면 지나치게 익는 부분이 생긴다.

닭 골격도

조류의 뼈 이름을 알아보자. 보기 쉽게 닭의 단면으로 이름을 설명하였다.
이름 옆의 ( ) 안에는 별칭을 기재하였다.

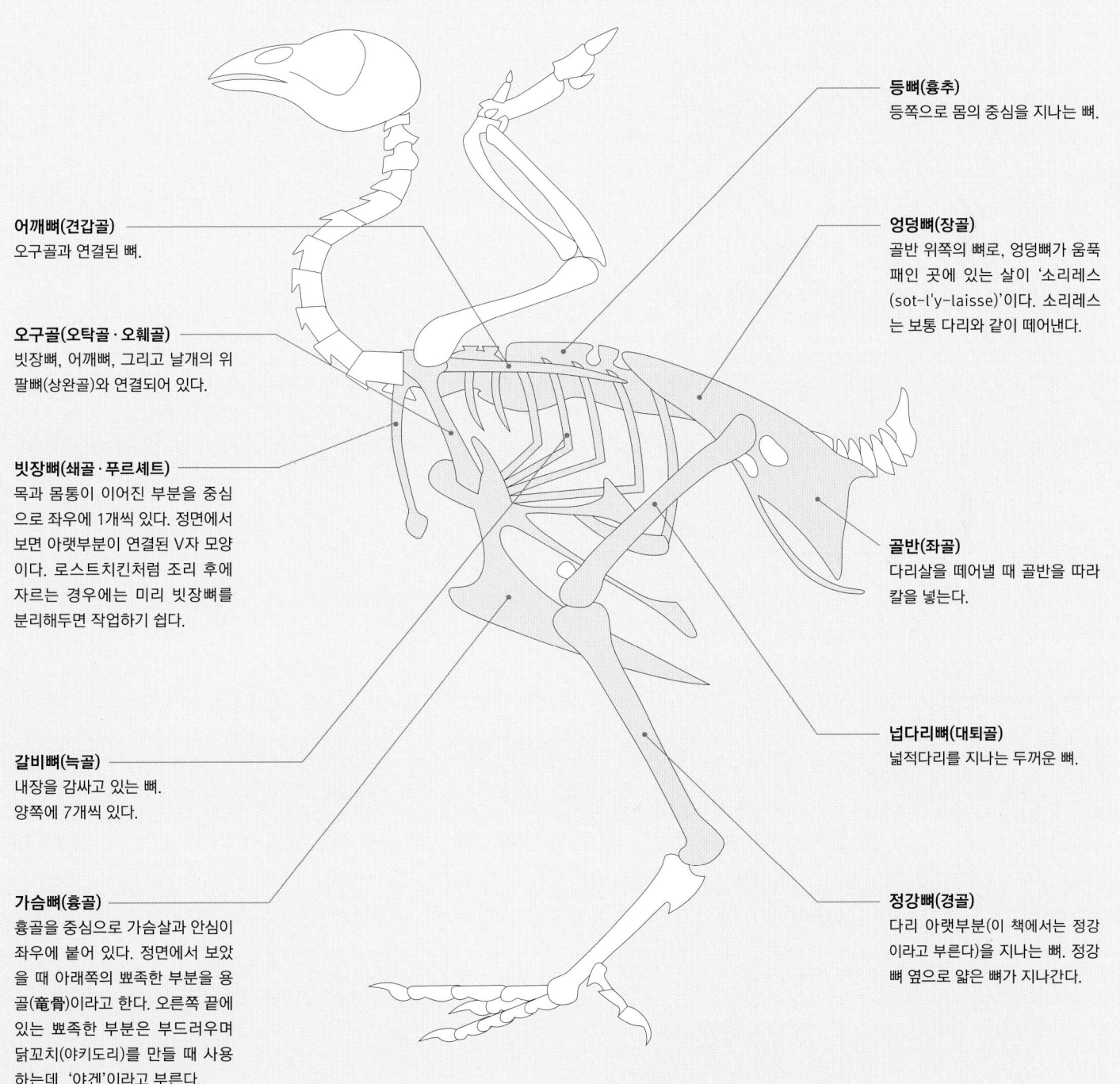

어깨뼈(견갑골)
오구골과 연결된 뼈.

오구골(오탁골·오훼골)
빗장뼈, 어깨뼈, 그리고 날개의 위
팔뼈(상완골)와 연결되어 있다.

빗장뼈(쇄골·푸르셰트)
목과 몸통이 이어진 부분을 중심
으로 좌우에 1개씩 있다. 정면에서
보면 아랫부분이 연결된 V자 모양
이다. 로스트치킨처럼 조리 후에
자르는 경우에는 미리 빗장뼈를
분리해두면 작업하기 쉽다.

갈비뼈(늑골)
내장을 감싸고 있는 뼈.
양쪽에 7개씩 있다.

가슴뼈(흉골)
흉골을 중심으로 가슴살과 안심이
좌우에 붙어 있다. 정면에서 보았
을 때 아래쪽의 뾰족한 부분을 용
골(竜骨)이라고 한다. 오른쪽 끝에
있는 뾰족한 부분은 부드러우며
닭꼬치(야키도리)를 만들 때 사용
하는데, '야겐'이라고 부른다.

등뼈(흉추)
등쪽으로 몸의 중심을 지나는 뼈.

엉덩뼈(장골)
골반 위쪽의 뼈로, 엉덩뼈가 움푹
패인 곳에 있는 살이 '소리레스
(sot-l'y-laisse)'이다. 소리레스
는 보통 다리와 같이 떼어낸다.

골반(좌골)
다리살을 떼어낼 때 골반을 따라
칼을 넣는다.

넙다리뼈(대퇴골)
넓적다리를 지나는 두꺼운 뼈.

정강뼈(경골)
다리 아랫부분(이 책에서는 정강
이라고 부른다)을 지나는 뼈. 정강
뼈 옆으로 얇은 뼈가 지나간다.

닭고기의 성분조성과 영양가 , 부위별 특징은 ?

닭고기는 부위에 따라 함유된 영양소의 양이 다르다. 전반적으로 내장(간, 닭똥집, 염통)이 살(날개, 가슴살, 다리살, 껍질, 연골 등)보다 비타민과 미네랄이 풍부하다.

다리살 많은 근육이 모여 있는 다리살은 운동량이 많고 근육을 둘러싼 콜라겐 막이 두껍기 때문에 가슴살에 비해 단단하다. 근육 사이에 지방이 있어 깊은 맛이 있으며, 철분이 많아서 색깔이 진하고, 아연과 비타민 B2가 풍부하다. 다리살 1/2장(150g)을 먹으면 아연은 하루 권장 섭취량의 약 30%, 비타민 B2는 약 20% 정도를 섭취할 수 있다. 아연은 신진대사 촉진과 면역력 증가, 비타민 B2는 피부, 머리카락, 손톱 등의 건강을 유지하는 데 도움이 된다.

가슴살 뼈를 제거한 가슴 근육[대흉근(천흉근)]. 껍질 밑에 지방이 있어서 껍질째 먹으면 의외로 지방이 많지만, 껍질을 벗긴 살코기에는 지방이 거의 없다. 껍질을 벗긴 가슴살의 칼로리는 껍질이 있을 때의 약 1/2 정도이다. 감칠맛 성분인 이노신산이 가장 많아서 감칠맛이 강한 부위이다. 영양면에서는 안심 다음으로 나이아신이 많으며, 가슴살 1/2장(130g)으로 하루 권장 섭취량의 1.2배를 섭취할 수 있다. 나이아신은 혈행촉진이나 숙취의 원인이 되는 아세트알데히드의 분해를 촉진시키는 역할을 한다.

안심 가슴살 안쪽에 있는 근육[소흉근(심흉근)]으로 지방이 거의 없는 고단백, 저칼로리 부위이다. 감칠맛 성분인 이노신산이 가슴살 다음으로 많아서, 다리살의 약 1.5배 정도이다. 다른 부위와 비교했을 때 고혈압 예방에 좋은 칼륨, 피부나 점막의 건강유지를 도와주는 비타민 B6, 혈행촉진이나 숙취예방을 도와주는 나이아신, 체지방 연소를 도와주는 판토텐산이 풍부하다.

날개 닭날개는 윗날개(봉 / 사람의 경우 어깨부터 팔꿈치에 해당)와 아랫날개(윙 / 사람의 경우 팔꿈치부터 손가락에 해당)로 나눌 수 있다. '윗날개(봉)'는 살이 많고 껍질이 적은 반면 '아랫날개(윙)'는 살이 적고 껍질이 많다. 껍질의 주성분은 콜라겐이기 때문에 날개에는 콜라겐이 풍부하다. 살은 부드럽고 지방이나 콜라겐이 있어서 맛이 진하다. 지방이 많기 때문에 지용성 비타민 A가 풍부하며, 피부와 목 등의 점막을 건강하게 유지시켜준다. (이 책에서는 닭날개를 윗날개(봉), 중간날개, 아랫날개(윙)로 나누었다)

껍질 주성분은 콜라겐으로 지방이 특히 많은 부위이다. 피부와 목 등의 점막을 건강하게 유지시켜주는 비타민 A, 골다공증 예방에 도움이 되는 비타민 K가 풍부하다.

염통(심장) 내장으로 분류하지만 근육이다. 염통의 근육은 조직이 가늘고, 독특한 식감이 있어서 고기처럼 씹는 맛을 즐길 수 있다. 간 다음으로 영양가가 높은 부위이다.

간(간장) 뱀장어 간과 비슷한 식감으로, 돼지나 소의 간보다 냄새가 덜해서 먹기 좋다. 영양가가 매우 높고, 철, 아연, 비타민 A, 비타민 B군은 뱀장어 살이나 간보다 풍부하게 들어있다.

닭똥집(모래주머니) 조류의 위는 두 부분으로 나뉘는데, 소화선이 많은 앞쪽의 위를 전위 또는 선위라고 하며 여기에 이어진 부분이 닭똥집이다. '모래주머니', 또는 '근위'라고도 한다. 이빨이 없는 조류는 먹이를 씹는 대신 닭똥집 안에서 모래알갱이를 이용하여 먹이를 잘게 부순다. 두껍고 강한 근육으로 이루어져서 쫄깃한 식감이 있고 맛은 담백하다. 전체적으로 고기보다 영양가가 높은 부위이다.

연골 무릎 부위의 연골과 가슴 용골 부위의 연골이 있다. 연골의 주성분은 콜라겐으로 오독오독 씹히는 식감이 특징이다. 다른 뼈와 달리 칼슘이 축적되지 않아서 칼슘은 별로 많지 않다.

BASIC

닭을 손질하는
기술

1

닭을 손질하는 기본 기술

내장이 붙어 있는 닭에서 다리와 가슴을 분리하고 내장을 제거하는 방법으로, 동서양 요리에서 모두 사용할 수 있는 기본적인 손질방법이다. 미리 내장을 제거한 닭을 일본에서는 '나카누키'라고 부르는데, 나카누키한 닭에서 다리와 가슴을 분리할 때도 이 방법을 기준으로 한다.

프랑스요리 / 다카라 야스유키(긴자 레칸)

내장을 제거하지 않은 닭

준비

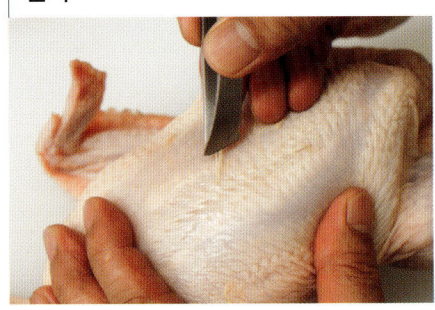

1 남아 있는 털은 핀셋으로 꼼꼼히 제거한다.

2 머리를 잘라낸다.

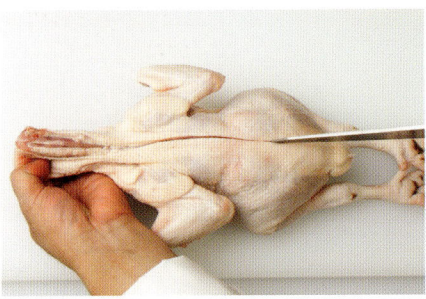

3 등이 위를 향하게 놓고, 목 위쪽부터 엉덩이까지 등뼈를 따라 직선으로 칼집을 낸다.

4 가슴이 위를 향하게 놓고 닭발을 잘라낸다.

다리살을 분리한다

5 가슴이 위를 향하게 놓은 다음 가능하면 몸통에 껍질이 남아 있도록 검지로 껍질을 누르고, 다리 안쪽에 칼을 넣어서 껍질을 자른다.

6 엉덩이까지 칼을 넣어 껍질을 자른다.

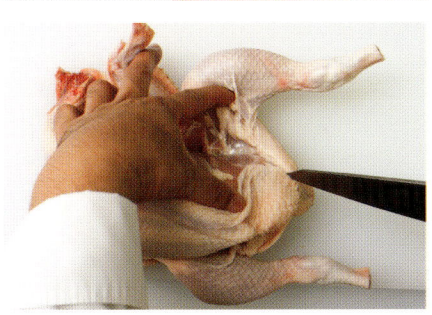

7 반대쪽 다리 안쪽에도 같은 방법으로 칼을 넣어 껍질을 자른다.

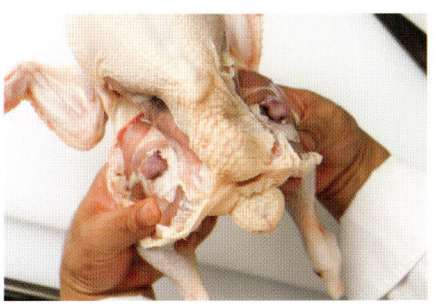

8 양쪽 다리를 잡고 바깥쪽으로 벌려서 몸통에 이어진 부분의 관절을 떼어낸다.

9 골반을 따라 칼을 넣고 살을 분리해서, 3에서 칼집을 낸 부분까지 살을 벗겨낸다.

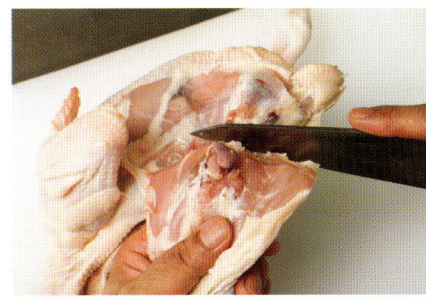

10 다리를 벌려서 관절의 힘줄을 자른다.

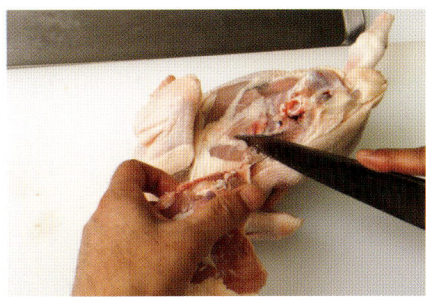

11 소리레스*를 다리쪽에 붙이고 다리를 잡아당겨서 떼어낸다.

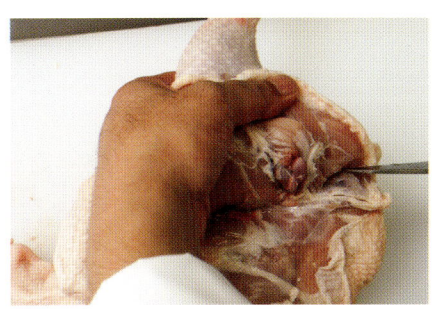

12 반대쪽 다리도 같은 방법으로 엉덩이까지 껍질을 잘라서 분리한다.

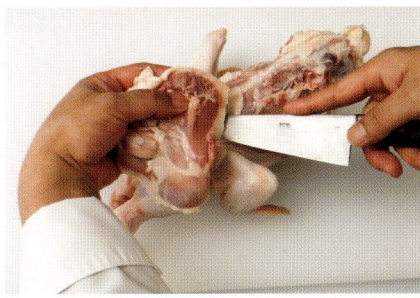

13 소리레스를 다리쪽에 붙이고 다리와 함께 잘라낸다.

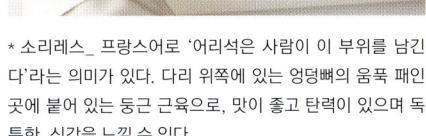

* 소리레스_ 프랑스어로 '어리석은 사람이 이 부위를 남긴다'라는 의미가 있다. 다리 위쪽에 있는 엉덩뼈의 움푹 패인 곳에 붙어 있는 둥근 근육으로, 맛이 좋고 탄력이 있으며 독특한 식감을 느낄 수 있다.

가슴살과 날개를 분리한다

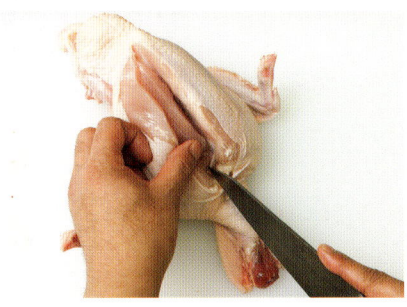

14 가슴이 위로 오게 놓은 다음, 가슴뼈를 따라 칼끝을 넣어서 목까지 자른다.

15 엉덩이쪽부터 14에서 낸 칼집을 따라 칼을 넣고, 손가락으로 살을 벌리면서 가슴살을 벗겨낸다. 이때 안심은 가슴살에 붙인다.

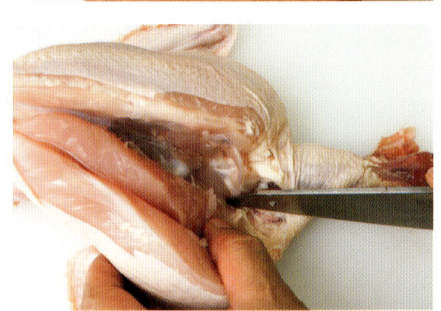

16 빗장뼈 주변의 살을 자른다.

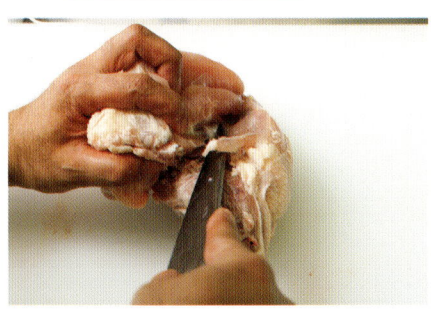

17 닭을 옆으로 눕히고 등쪽의 어깨뼈 밑에 칼끝을 넣어서 날개 관절을 자른다.

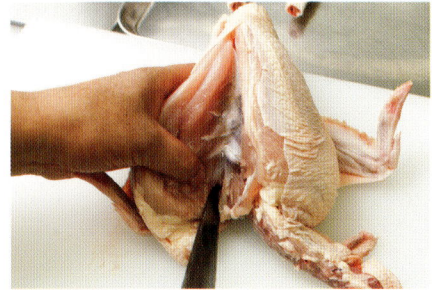

18 갈비뼈에서 가슴살을 깎아내듯이 자른다.

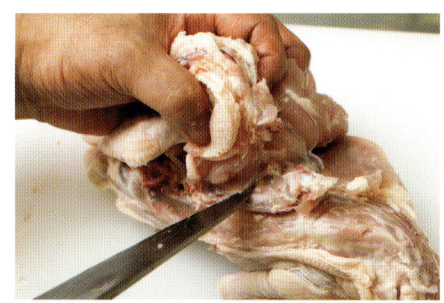

19 칼끝으로 힘줄과 막을 자르면서 가슴살을 벗겨낸다.

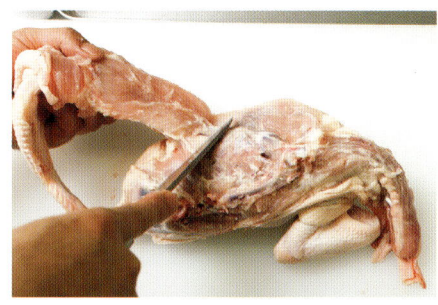

20 갈비뼈를 칼로 누른 다음 손으로 가슴살을 잡고 뒤로 힘껏 당겨서 떼어낸다.

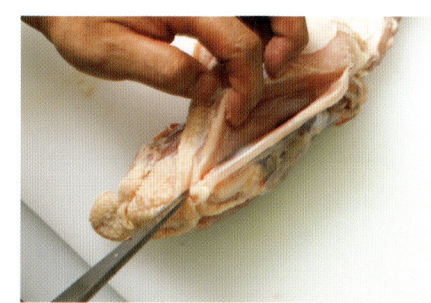

21 반대쪽 가슴살도 분리한다. 머리쪽부터 가슴뼈를 따라 엉덩이를 향해 잘라나간다.

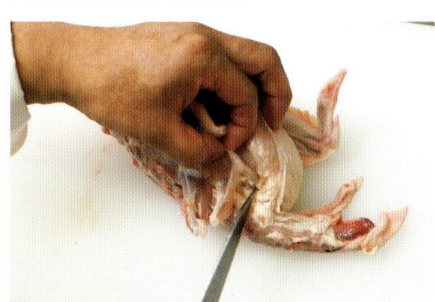

22 방향을 바꿔서 빗장뼈에서 살을 벗겨낸다.

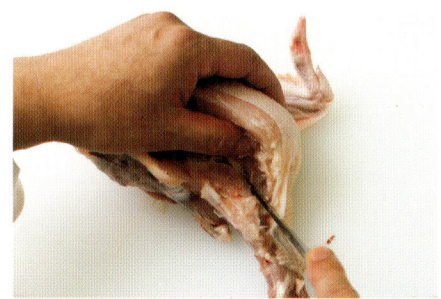

23 빗장뼈를 빼내고 계속 잘라나간다.

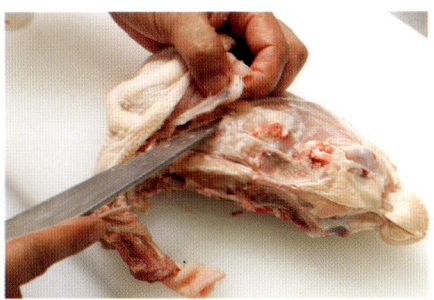

24 어깨뼈 안쪽에 칼끝을 넣어서 어깨뼈를 들어 올린다.

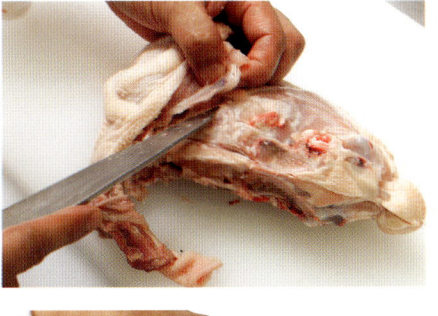

25 날개와 몸통이 이어진 부분의 관절을 자르고, 갈비뼈를 따라 살을 벗겨낸다.

26 사진처럼 칼로 갈비뼈를 누르고 손으로 가슴살과 날개를 잡아당겨서 분리한다.

내장을 분리한다

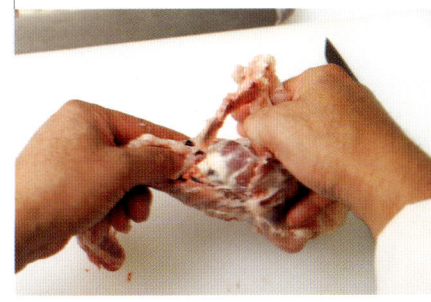

27 몸통 뼈에서 어깨뼈를 세우고 등뼈를 잡아당겨서 떼어낸다.

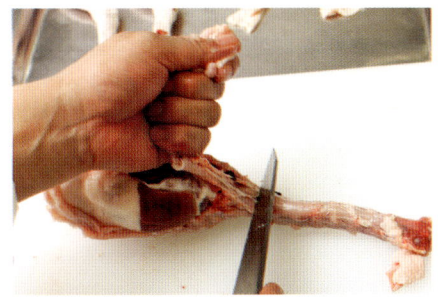

28 등뼈에 붙어 있는 목을 칼로 누르고, 식도와 기관을 위로 잡아당긴다.

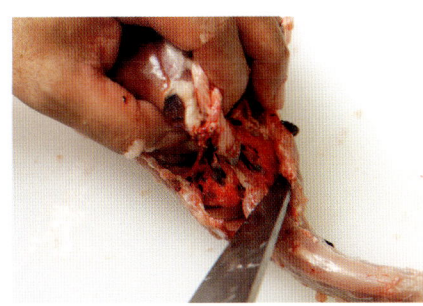

29 붉은색 허파가 보이면 허파 밑에 칼을 넣고 잘라서 분리한다.

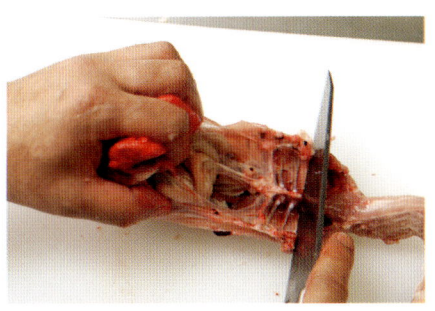

30 칼로 뼈를 누른 상태에서 허파를 잡아당기고, 얇은 막을 자르면서 내장을 벗겨나간다.

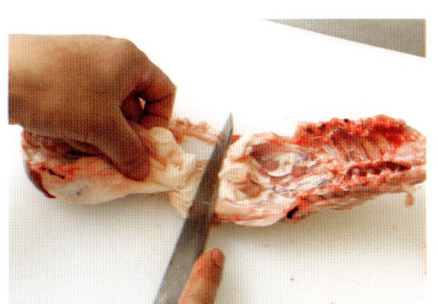

31 얇은 막을 잘라서 내장을 잘라낸다.

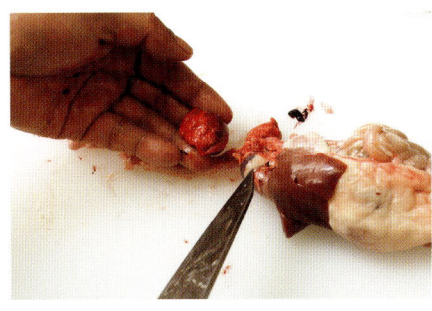

32 내장을 각각 분리한다. 검은색 쓸개가 터지지 않도록 주의해서 허파를 잘라낸다.

33 염통을 꺼내서 잘라낸다.

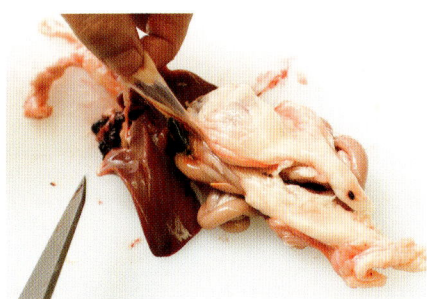

34 간 주변에 붙어 있는 얇은 막을 벗겨낸다.

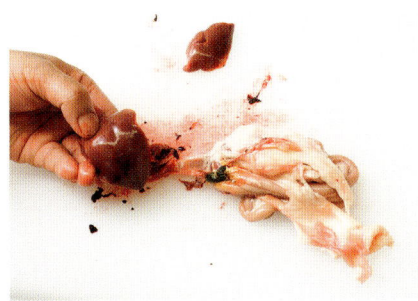

35 간(대엽과 소엽)을 잘라낸다.

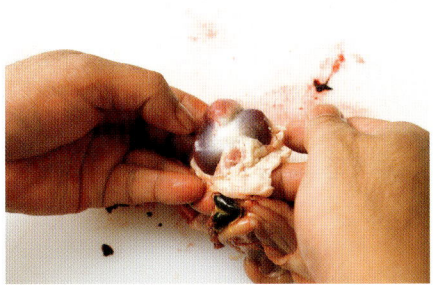

36 쓸개가 터지지 않도록 주의해서 주변의 지방을 떼어내고 닭똥집을 꺼낸다.

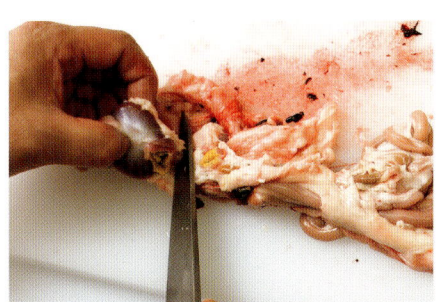

37 닭똥집과 창자의 연결 부위를 자른다.

손질한 닭의 식용 부위.
아래 사진은 오른쪽부터 날개가 붙어 있는 가슴살 2장, 다리살 2개. 위 사진은 오른쪽부터 허파, 염통, 간, 닭발, 닭똥집, 목과 뼈.

부위별로 나누는 기술

p.20에서 분리한 다리살과 가슴살(날개가 붙어 있는 상태)을 부위별로 나누는 방법과 내장을 제거한 닭에서 '코프르(coffre)'를 분리하는 과정을 설명한다. 코프르란 닭 몸통에서 다리를 잘라낸 다음, 가슴살을 2장으로 나누지 않고 그대로 붙여서 분리한 상태를 말한다.

프랑스요리 / 다카라 야스유키(긴자 레칸)

가슴살과 날개

순서는 먼저 가슴살에서 안심을 잘라낸 다음, 중간날개와 아랫날개(윙)를 잘라낸다. 마지막으로 가슴살에서 윗날개(봉)를 잘라내고 모양을 정리한다.

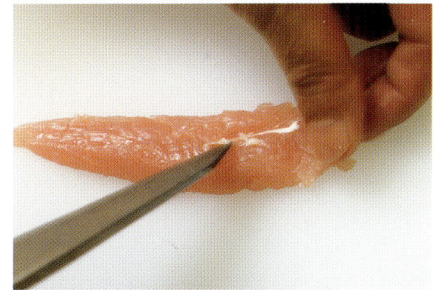

3 두꺼운 힘줄을 따라 칼끝으로 칼집을 넣어서 힘줄이 밖으로 드러나게 한다.

날개가 붙어 있는 가슴살을 안심, 가슴살, 윗날개(봉), 중간날개, 아랫날개(윙)로 잘라서 분리한다.

4 힘줄이 드러나면 칼을 반대로 잡고 힘줄이 붙어 있는 끝부분을 잘라낸다.

5 뒤집은 다음 손가락으로 힘줄을 꽉 누르고, 칼로 힘줄을 훑어내듯이 벗겨낸다.

안심을 손질한다

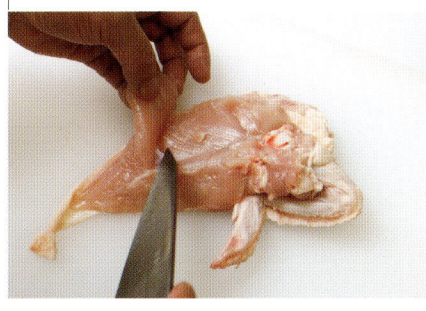

1 안심에 붙어 있는 얇은 막에 칼끝을 대고 막을 벗겨서 분리한다.

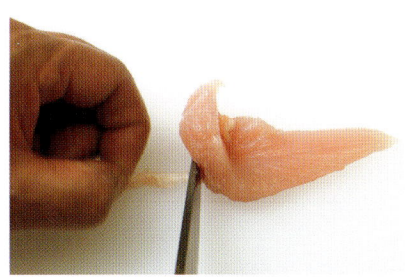

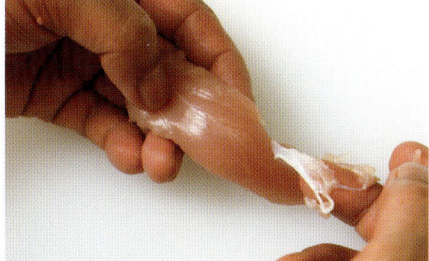

2 안심 주변에 얇은 막이 남아 있으면 깨끗이 벗겨낸다.

날개를 분리한다

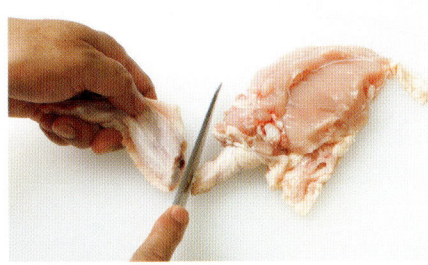

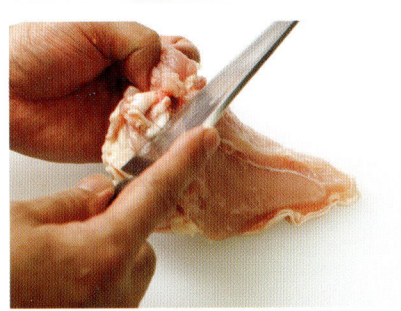

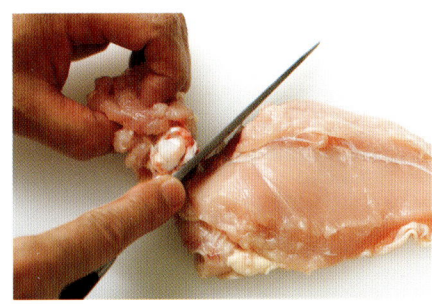

6 안심을 분리한 가슴살에서 중간날개와 아랫날개(윙)를 잘라낸다.

7 윗날개(봉) 관절 주위의 힘줄을 잘라낸다.

8 윗날개(봉)를 잘라낸다. 가슴살에서 빠져나온 껍질과 지방을 잘라내고 모양을 정리한다.

다리살

정강뼈부터 넙다리뼈를 따라 다리 안쪽에 칼을 넣어 뼈가 보이게 드러낸다. 관절을 자르고 넙다리뼈와 정강뼈를 제거한다.

뼈를 제거한 다리살.

뼈를 분리한다

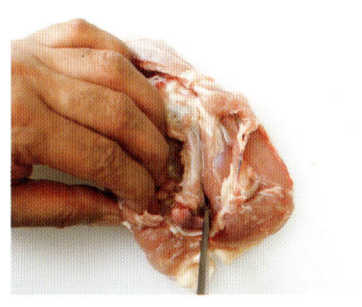

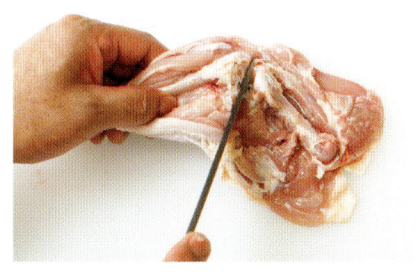

1 정강이 안쪽에 있는 2개의 뼈 사이에 칼을 넣고 뼈가 보이게 살을 벌린다.

2 관절을 지나 넙다리뼈를 따라 칼을 비스듬히 넣어서 다리와 몸통이 붙어 있던 부분까지 살을 자른 다음, 뼈를 꺼내고 다리살을 펼친다.

3 넓적다리와 정강이 사이에 있는 관절에 칼을 넣고 잘라서 분리한다. 껍질까지 자르지 않도록 주의한다.

4 관절을 접어서 살을 세운 다음 넙다리뼈를 칼로 누른다.

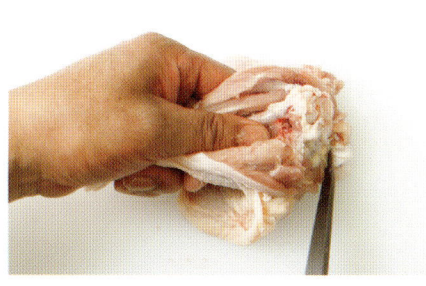

5 정강이를 잡아당겨 넙다리뼈를 떼어낸다.

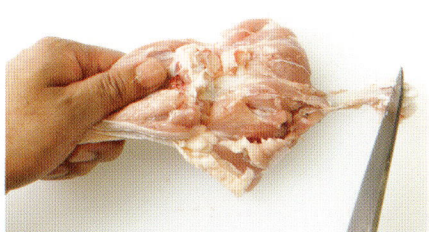

6 정강뼈를 칼턱으로 두드려서 자른다.

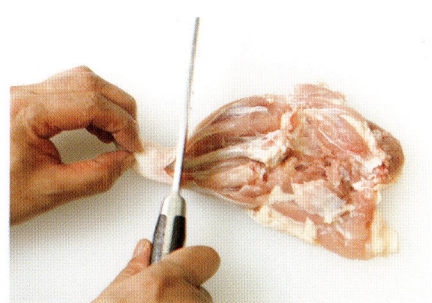

7 정강뼈를 칼로 누르면서 정강이살을 잡아당긴다.

8 관절 주변의 힘줄을 잘라서 가는 뼈와 함께 분리하고, 다리 끝부분을 잘라낸다.

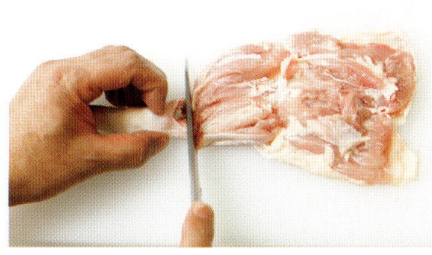

다리살을 손질한다

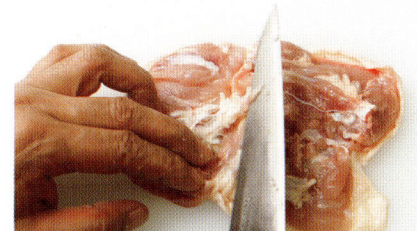

9 넓적다리와 정강이 사이의 관절 자리에 남아 있는 굵은 힘줄을 잘라낸다.

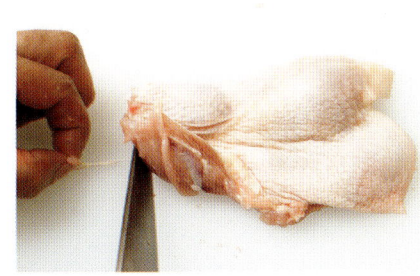

10 껍질이 위를 향하게 놓은 다음, 손으로 아킬레스건을 잡고 칼로 긁어내듯이 분리한다. 뒤집어서 얇은 막을 제거한다.

코프르

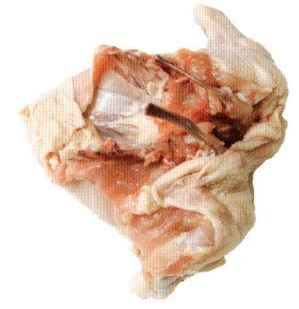

뼈가 붙어 있고 양쪽의 가슴살이 이어져 있는 상태를 '코프르'라고 한다. 프랑스어로 상자를 의미하는데, 모양이 상자와 비슷해서 코프르라고 부른다. 어깨뼈를 빼지 않고 그대로 두면 쿠션 역할을 하기 때문에, 살이 오븐팬에 직접 닿지 않아 간접적으로 부드럽게 익는다. 여기서는 내장을 제거한 닭에서 코프르를 분리하는 과정을 설명한다.

목을 잘라낸다

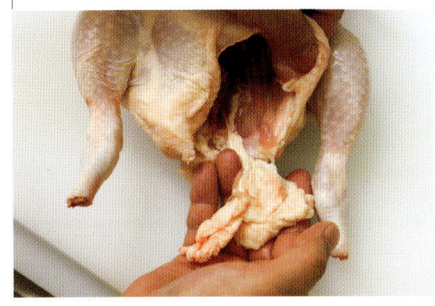

1 엉덩이 안쪽에 붙어 있는 지방을 제거한다.

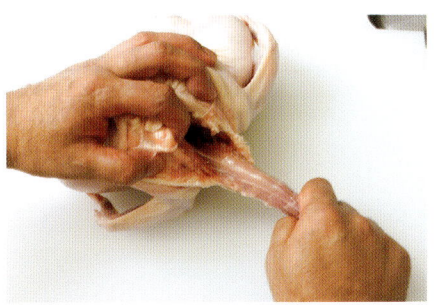

2 등이 위를 향하게 놓고 목을 따라 껍질을 자른 다음, 목을 잡아당겨서 껍질 안쪽의 지방과 얇은 막을 제거한다.

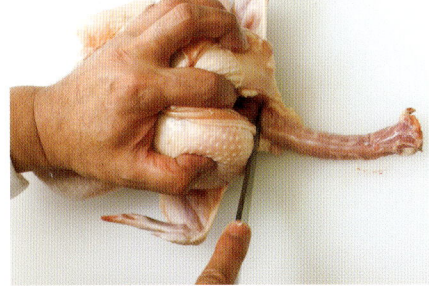

3 목과 몸통이 이어진 부분을 잘라낸다.

날개와 다리를 분리한다

4 중간날개와 아랫날개(윙)를 잘라낸다. 반대쪽도 똑같이 잘라낸다.

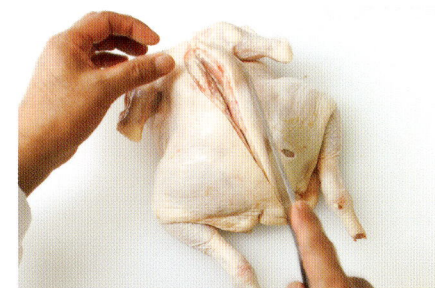

5 등이 위를 향하게 놓고 등뼈를 따라 칼을 넣는다.

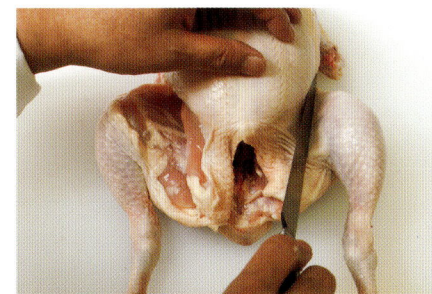

6 가슴이 위를 향하게 놓고 가능하면 몸쪽에 껍질이 남아 있도록, 다리 안쪽의 몸통과 이어진 부분의 껍질을 엉덩이까지 자른다.

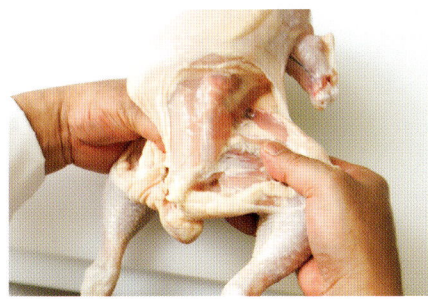

7 사진처럼 양쪽 다리를 잡고 벌려서 몸통과 다리가 이어진 부분의 관절을 꺾는다.

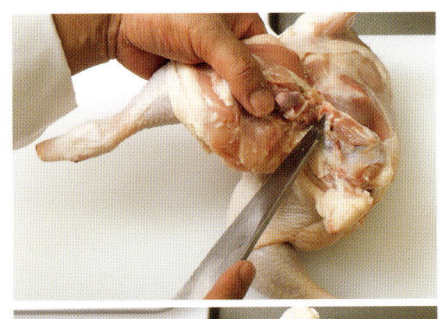

8 엉덩이의 뾰족한 끝 부분(본지리)을 피해서 껍질을 자르고 골반 위의 살을 잘라낸 다음, 주변의 힘줄을 자르면서 다리를 위로 잡아당겨서 분리한다. 소리레스는 다리에 붙인다.

12 갈비뼈 길이의 1/2 정도 되는 부분에 칼을 넣고 엉덩이쪽을 향해 갈비뼈를 자른다.

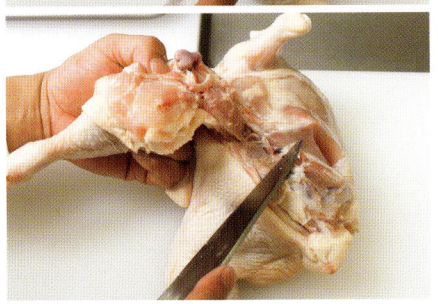

13 반대쪽도 같은 방법으로 자른다.

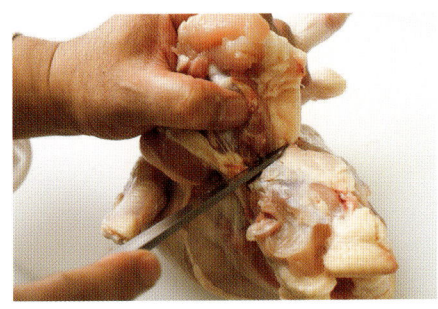

9 반대쪽 다리도 같은 방법으로 분리한다.

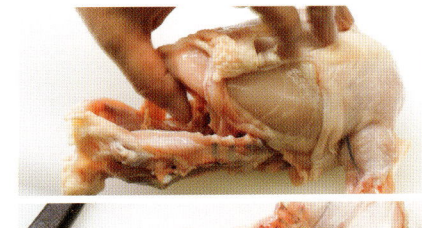

14 가슴살을 들어올리고 등뼈를 분리한다.

코프르를 완성한다

10 가슴이 위를 향하게 놓고 어깨뼈 위에 칼을 넣어서 자른다. 아래쪽에도 칼을 반대로 잡고 넣어서 자른다.

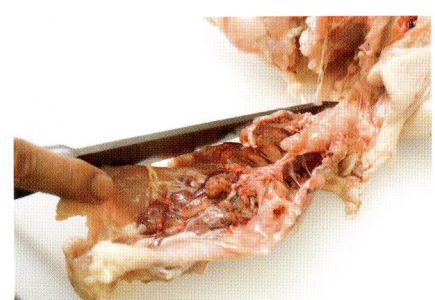

15 목이 붙어 있던 부분을 잘라낸다.

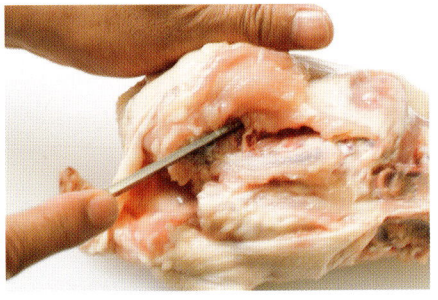

11 어깨뼈와 몸통이 이어진 부분의 관절이 보이게 살을 벗겨내고, 주변의 힘줄을 잘라낸 다음 관절을 떼어낸다.

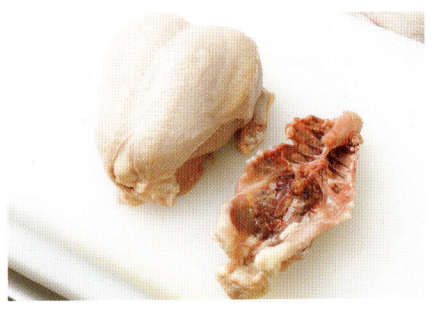

16 완성된 코프르와 분리한 등뼈.

뼈를 제거하고 속을 비우는 기술

내장을 제거한 닭에서 뼈와 안심을 분리하고 뱃속을 비우는 손질 방법으로, 뱃속에 속재료를 넣고 원래대로 모양을 정리해서 가열하는 요리를 만들 때 사용한다. 뼈에서 분리한 안심을 속재료 등으로 사용해도 좋다.　　　프랑스요리 / 다카라 야스유키(긴자 레칸)

속을 비운 닭, 안심, 몸통 뼈.

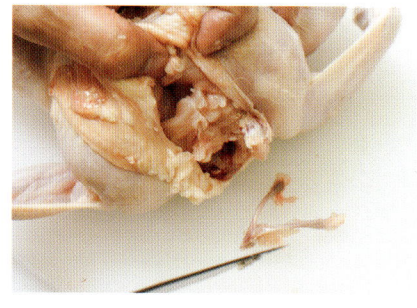

4 빗장뼈를 옆으로 눕혀서 빼낸다.

1 등이 위를 향하게 놓고 등뼈를 따라 칼을 넣은 다음 목을 빼내서 몸통과 이어진 부분을 자른다. 남아 있는 지방은 제거한다.

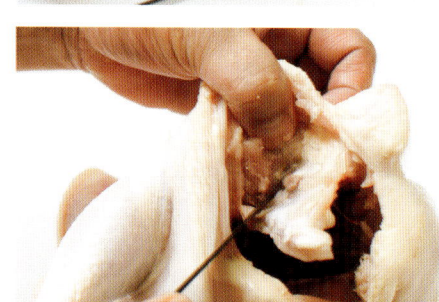

5 등이 위를 향하게 놓고 엉덩이쪽에 칼을 넣은 다음, 골반에서 살을 긁어내듯이 분리한다. 양쪽을 모두 분리한다.

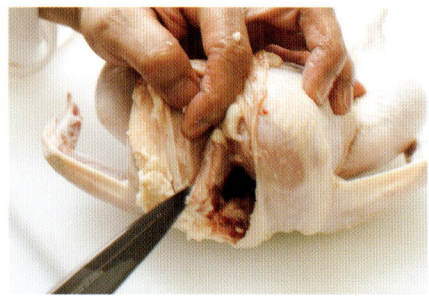

2 가슴이 위를 향하게 놓고 V자 모양 빗장뼈를 따라 칼을 넣어서 뼈를 드러낸다.

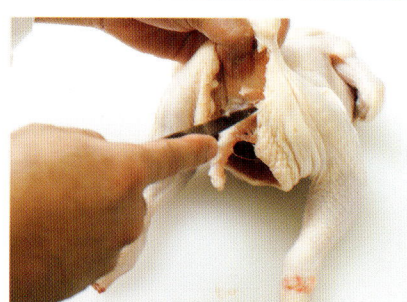

6 등뼈 위에 칼을 넣고 등뼈에서 살을 벗겨낸다.

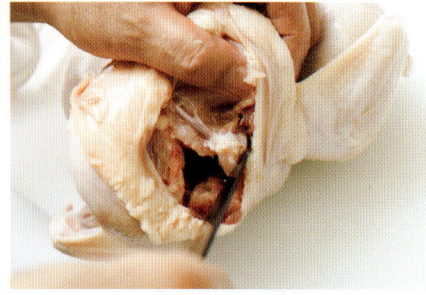

3 V자의 꼭짓점과 몸통이 이어진 부분을 칼로 잘라서 분리한다. 아래쪽 2곳의 날개 관절과 빗장뼈를 잘라서 분리한다.

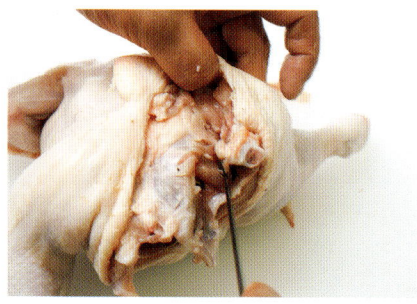

7 다리와 몸통이 이어진 부분까지 자른 다음, 이어진 부분의 관절을 잘라서 분리한다.

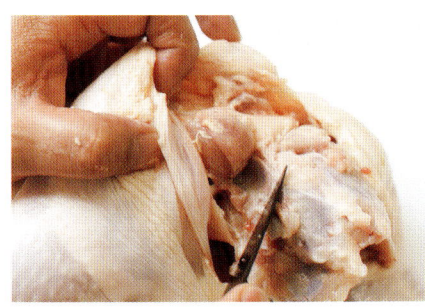

8　뼈 주변의 힘줄을 자르면서, 다리 안쪽에 있는 소리레스와 뼈 사이에 칼을 넣고 소리레스를 잘라서 다리살에 붙인다.

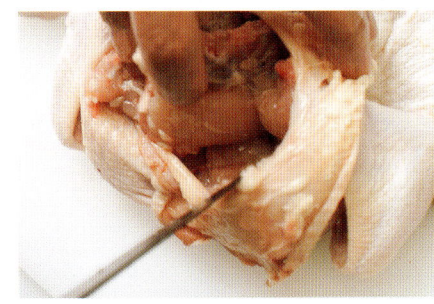

13　안심은 힘줄을 자르지 않고 그대로 뼈에 붙여놓는다.

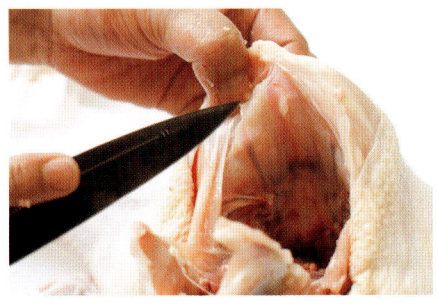

9　가슴이 위를 향하게 놓고 엉덩이 쪽에서 살을 젖히면 안쪽에 가슴뼈(연골)가 보이므로, 그 위에 칼을 넣어서 살을 긁어낸다.

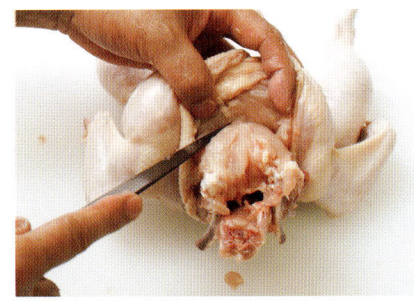

14　가슴이 위를 향하게 놓고 안심 위에 있는 가슴뼈의 연골을 따라 칼을 넣어서 소리레스가 있던 자리까지 자른다.

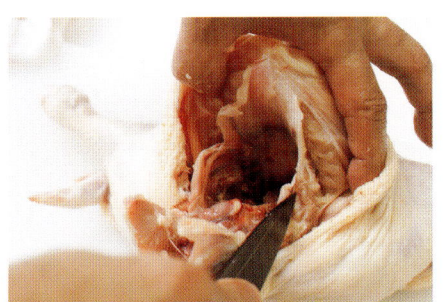

10　갈비뼈를 따라 칼을 넣어서 살을 벗겨낸다.

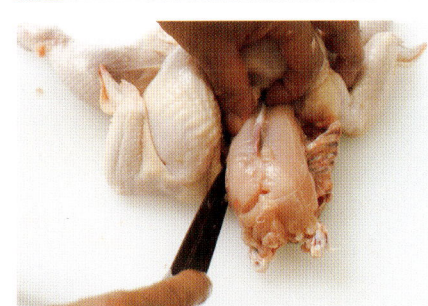

15　사진의 상태가 되도록 잘라서 분리한다.

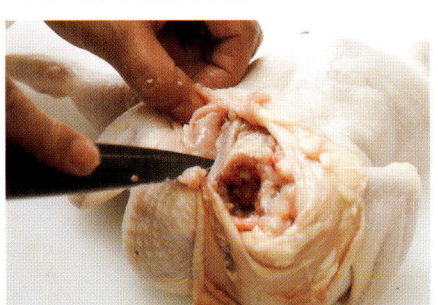

11　등이 위를 향하게 놓고 목부분부터 잘라나간다. 어깨뼈 위에 칼을 넣어 잘라낸다.

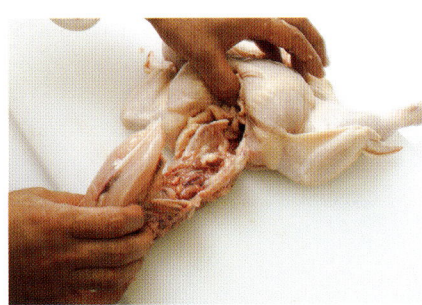

16　안심과 뼈를 잡아당겨서 빼낸다.

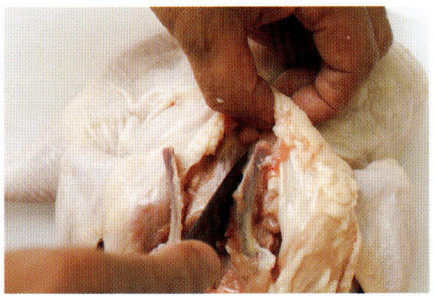

12　반대쪽 어깨뼈도 잘라낸다.

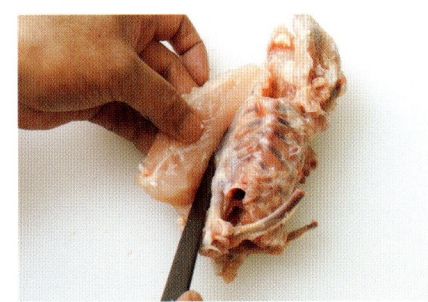

17　뼈에서 안심의 힘줄을 잘라서 분리한다.

한 장으로 펼치는 기술

내장을 제거한 닭을 1장으로 갈라서 펼친 다음 그대로 굽는 '치킨 디아볼라'나, 갈라서 펼친 고기에 속재료를 넣고 말아서 만드는 '발로틴', '롤 치킨' 등을 만들 때 필요한 손질방법이다. 닭의 등부분에 세로로 칼집을 내고, 이곳부터 뼈 주위에 칼을 넣고 빙 돌아가며 살을 벗겨낸다. 여기 에서는 날개와 다리가 붙어 있는 채로 펼쳤지만, 용도에 따라 적당히 잘라내고 사용한다. 이탈리아요리 / 쓰지 다이스케(콘비비오)

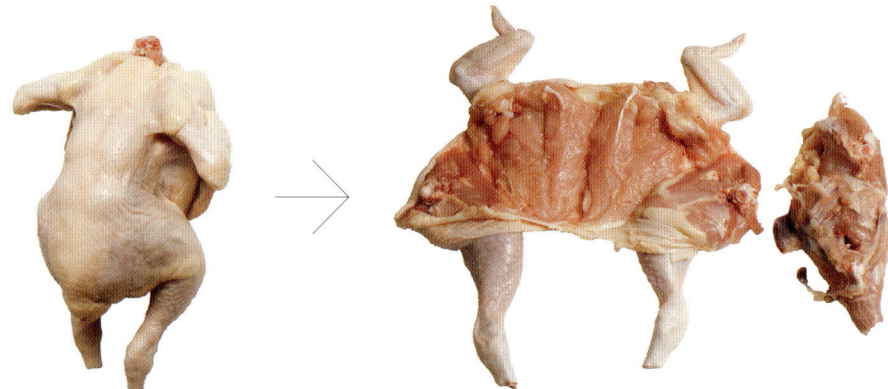

내장을 제거한 닭을 1장으 로 갈라서 펼친다.

갈라서 펼친 닭과 분리한 뼈.

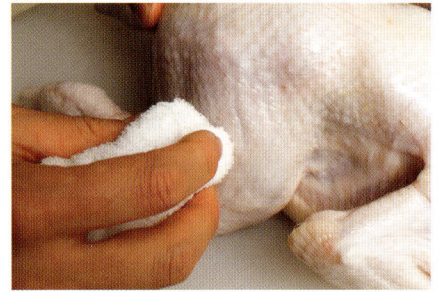

1 남아 있는 털을 꼼꼼 히 제거한다. 털이 남아 있는 상태로 구우면 냄 새가 날 수 있다.

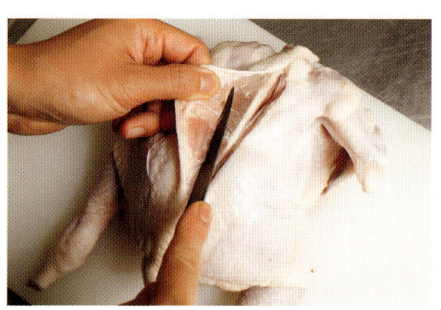

3 칼집을 낸 부분에 칼 을 넣고 뼈를 따라서 잘 라나간다.

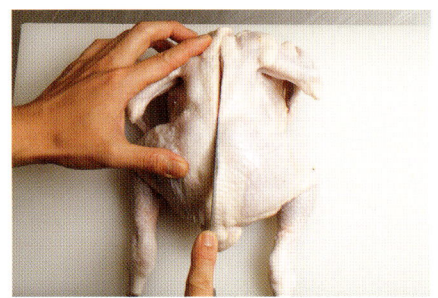

2 등이 위를 향하게 놓 고 등뼈 위에 세로로 칼 집을 넣는다.

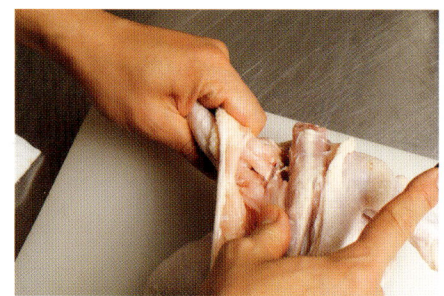

4 날개와 몸통이 이어 진 부분의 관절을 손으 로 꺾어서 분리한다.

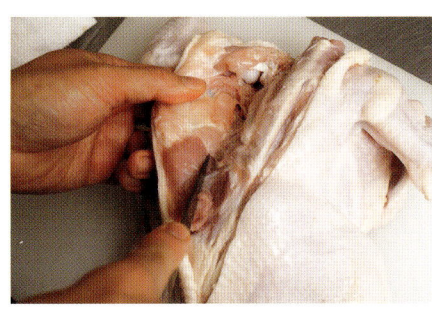

5 뼈를 따라 다리와 몸통이 이어진 쪽을 향해 잘라서, 뼈에서 살을 분리한다.

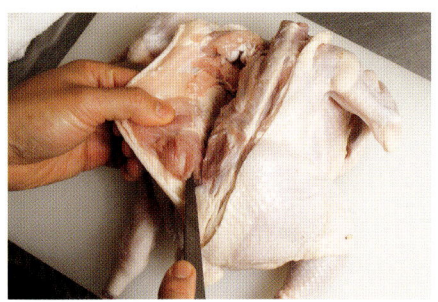

6 소리레스는 다리와 같이 골반 위의 움푹 패인 곳(장골)에서 긁어낸다.

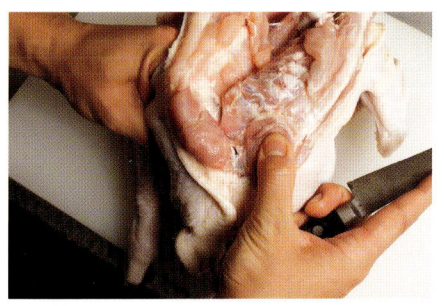

7 다리와 몸통이 이어진 부분의 관절을 벌려서 손으로 꺾는다.

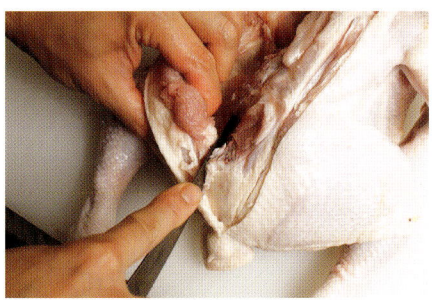

8 엉덩이쪽까지 자른다.

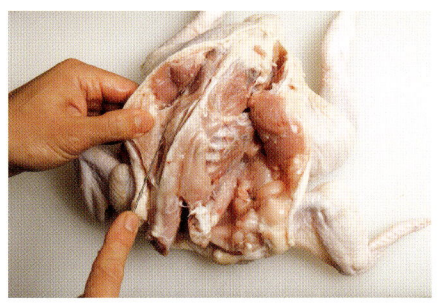

9 방향을 돌리고 등뼈에 칼집을 낸 부분부터 뼈를 따라 날개와 몸통이 이어진 부분까지, 3과 같은 방법으로 잘라서 반대쪽 살도 분리한다.

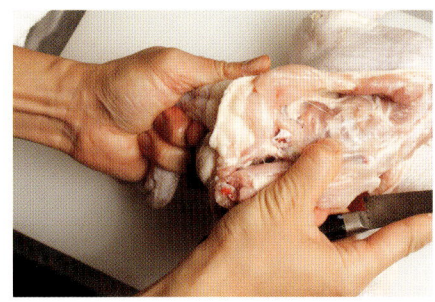

10 날개와 몸통이 이어진 부분까지 자른 다음, 손으로 날개의 관절을 꺾어서 분리한다.

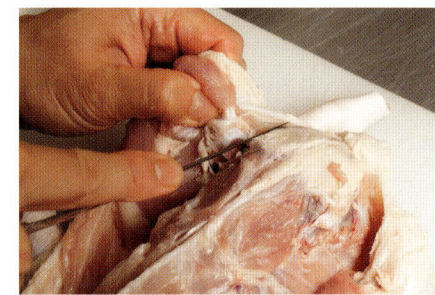

11 다리쪽을 향해 살을 벗겨내고 소리레스를 긁어낸 다음, 다리와 몸통이 이어진 부분의 관절을 잘라낸다.

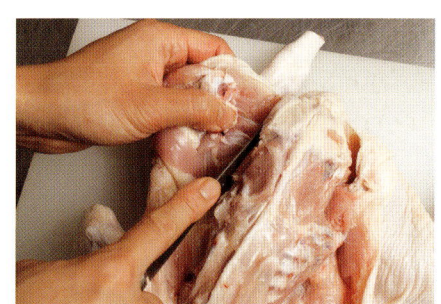

12 뼈를 따라 다리살을 잘라낸다.

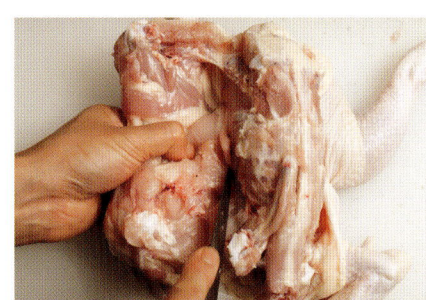

13 몸통 뼈를 따라 배쪽을 향해 잘라나가서 가슴살을 분리한다.

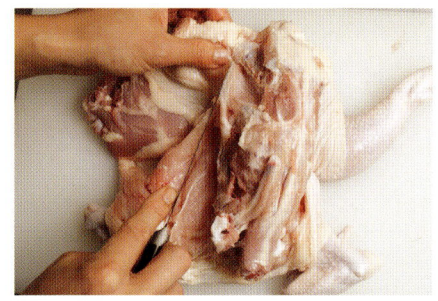

14 몸통의 반을 배쪽까지 깔끔하게 분리한다.

15 빗장뼈는 몸통의 뼈에 그대로 붙여둔다.

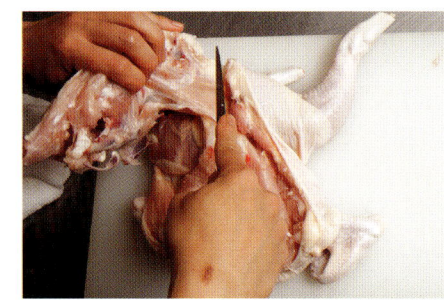

17 칼로 살을 잘라내고 뼈를 깔끔하게 분리한다.

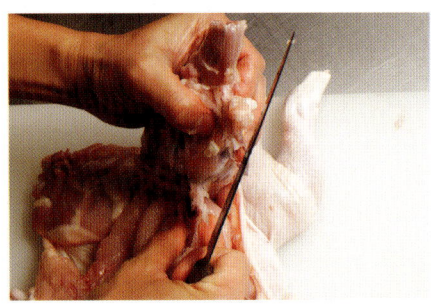

16 뼈를 들어 올린다.

브리데의 기술 (로스트치킨용)

닭을 통째로 익힐 때는 굴곡이 있어서 고르게 익히기 어렵다. 이럴 때는 전체적으로 고르게 익히기 위해서 브리데(바늘에 연줄을 꿰서 다리와 날개를 고정시키는 작업)하여 닭을 네모난 상자모양으로 정리하는 작업이 필요하다. 먼저 목과 빗장뼈를 자르고 목과 엉덩이 주변의 지방을 제거한 다음, 좌우대칭이 되도록 연줄로 꿰맨다. 상자모양을 만들기 위해서는 ①날개와 다리의 높이를 가지런히 맞추고, ②가슴이 충분히 펴지도록 연줄을 통과시키는 것이 포인트이다. 상자모양으로 만들면 프라이팬에 올려도 잘 움직이지 않고 안정되기 때문에 고르게 익힐 수 있다.

프랑스요리 / 다카라 야스유키(긴자 레칸)

내장을 제거한 닭.

브리데한 닭.
(가슴이 위를 향하게
놓은 모습)

브리데한 닭을 옆
에서 본 모습.

브리데한 닭을 등쪽에
서 본 모습.

브리데하면 고르게
익힐 수 있다.

목을 잘라내고 지방을 제거한다

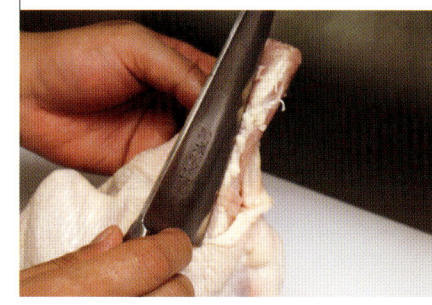

1 목에 세로로 칼집을
내서 껍질을 자른다.

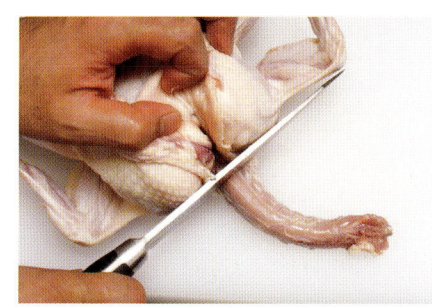

2 껍질을 벗긴 목을 몸
통과 이어진 부분에서
잘라낸다.

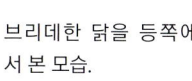

3 안쪽에 붙어 있는 지
방과 얇은 막을 깔끔하게
제거하고, 식도와 함께
빼낸다.

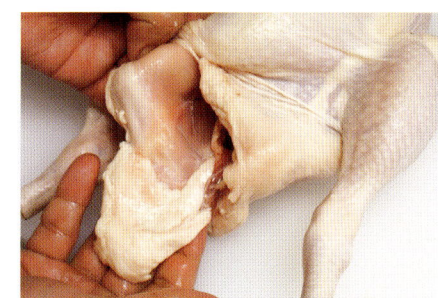

4 엉덩이쪽에도 지방이
많기 때문에 깔끔하게 제
거해야 한다.

빗장뼈를 분리한다

5 가슴이 위를 향하게 놓고, 목이 있던 부분에 붙어 있는 V자 모양 빗장뼈를 따라 겉과 속에 칼을 넣는다.

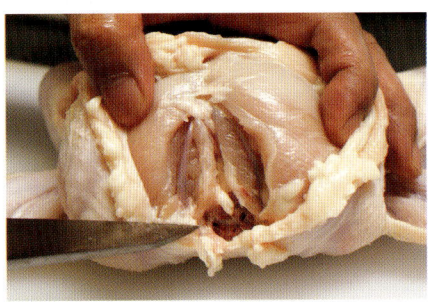

6 빗장뼈가 밖으로 드러나게 한다.

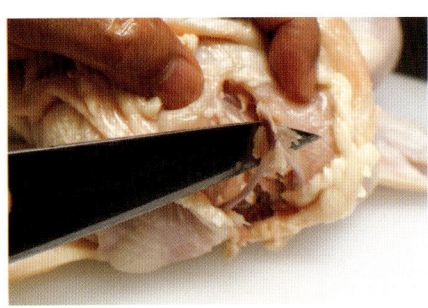

7 빗장뼈와 몸통이 이어진 부분(V자의 꼭짓점)을 자른다.

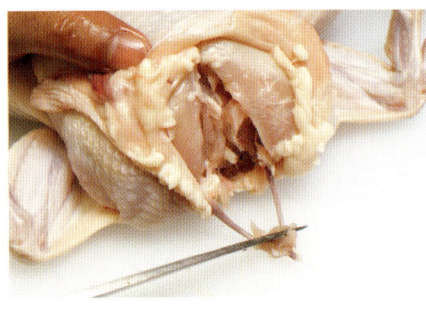

8 칼을 눕혀서 빗장뼈를 분리하여 제거한다.

연줄로 꿰맨다

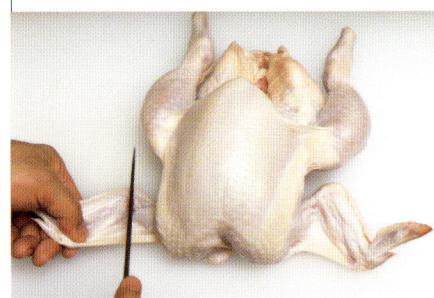

9 접시에 안정적으로 담기 위해, 브리데하기 전에 중간날개와 아랫날개(윙)를 잘라낸다.

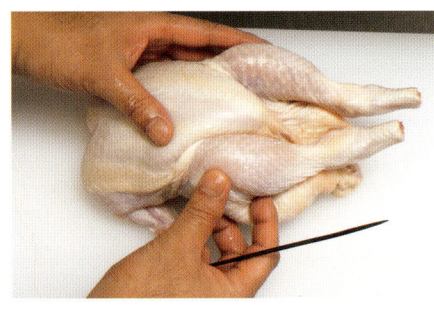

10 모양을 정리한다. 직사각형 상자에 가깝게 만든다.

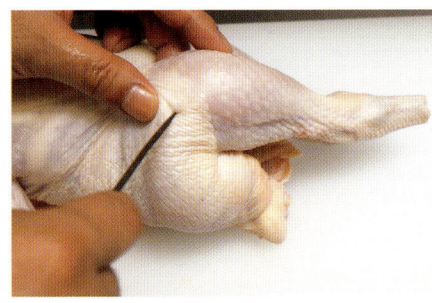

11 가슴이 위를 향하게 놓고 다리 바깥쪽에서 브리데용 바늘을 찔러 넣는다. 위치는 무릎관절 안쪽. 연줄은 길게 남겨 둔다.

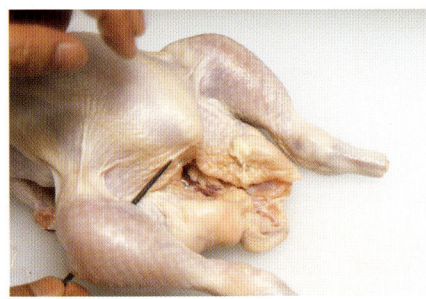

12 다리 안쪽으로 바늘을 통과시킨다.

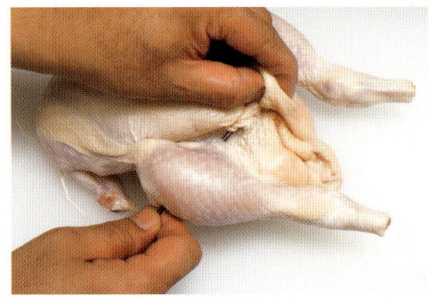

13 엉덩이 껍질 앞쪽에 바늘을 찔러 넣고 연줄을 통과시켜 반대쪽으로 빼낸다.

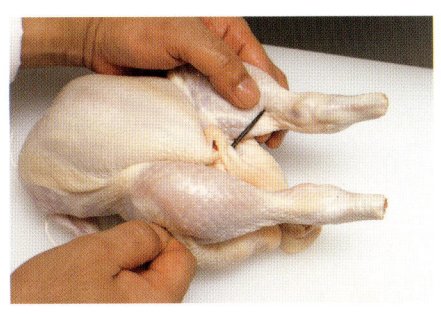

14 다른 쪽 다리의 정강뼈 관절 위에 찔러 넣는다.

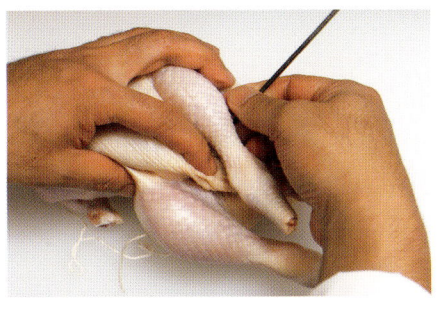

15 바늘을 빼서 연줄을 통과시킨다.

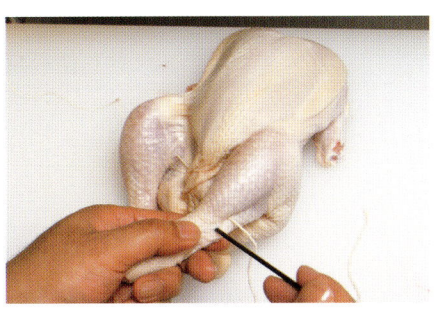

16 정강뼈 관절 밑에 바늘을 찔러 넣는다.

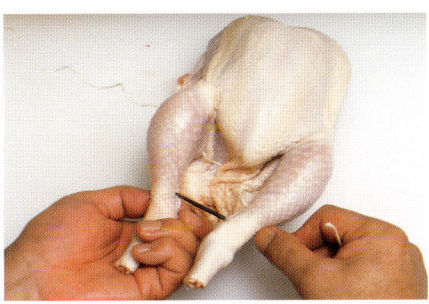

17 다른 쪽 다리의 같은 위치에 바늘을 넣어서 빼낸다.

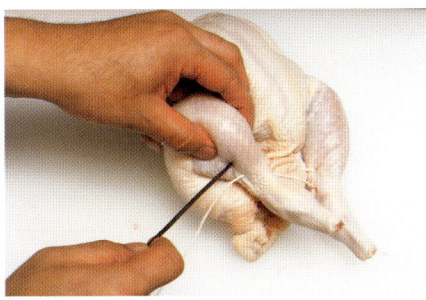

18 바늘을 뺀 다리의 정강뼈 관절 위에 바늘을 찔러 넣어서 연줄을 통과시킨다.

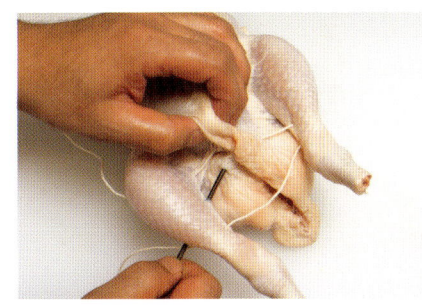

19 앞쪽 엉덩이의 껍질에 바늘을 찔러 넣고 반대쪽 껍질에서 빼낸다.

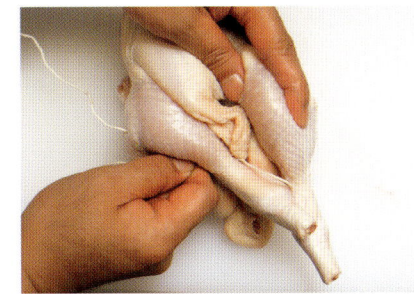

20 다른 쪽 다리의 무릎 관절 안쪽에 바늘을 찔러 넣는다.

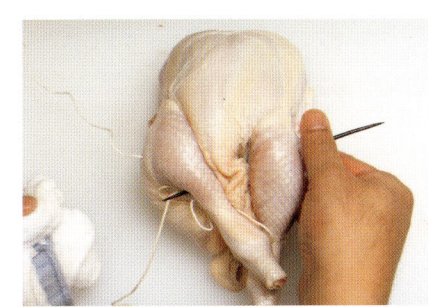

21 반대쪽으로 바늘을 빼서 연줄을 통과시킨다.

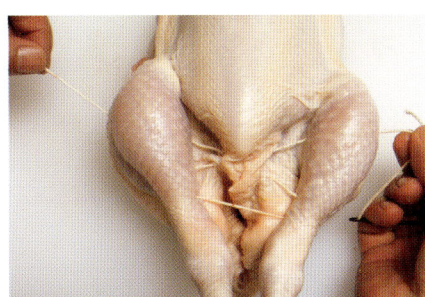

22 다리에 연줄을 통과시킨 상태. 다음은 날개를 고정시킨다.

23 실을 뺀 쪽이 위를 향하게 닭을 옆으로 돌려 놓는다. 굴곡을 없애기 위해 윗날개(봉)와 다리의 높이를 맞춘다.

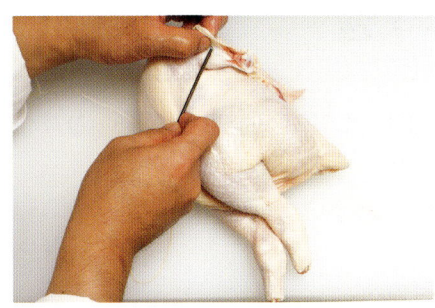

24 윗날개(봉)에 바늘을 찔러서 통과시킨다.

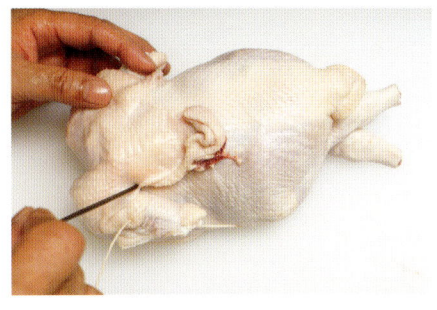

25 등이 위를 향하게 놓고 목부분의 껍질을 당겨서 덮은 다음, 껍질 위로 바늘을 찔러 넣는다.

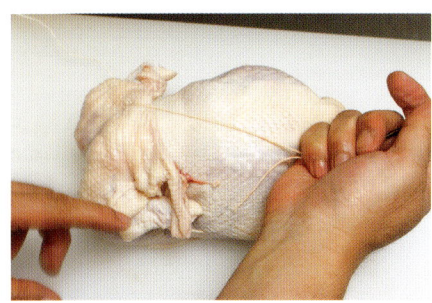

26 가슴이 펴지도록 반대쪽으로 바늘을 빼서 연줄을 통과시킨다.

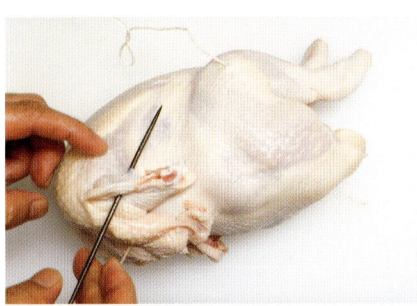

27 옆으로 돌리고 윗날개(봉)에 바늘을 넣어서 연줄을 통과시킨다.

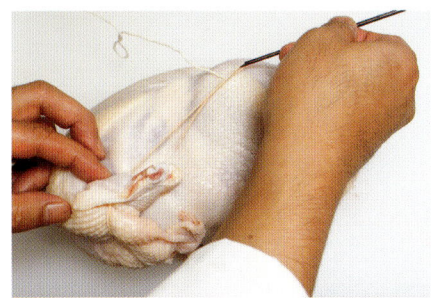

28 다리와 높이가 같도록 모양을 정리하면서 연줄을 당긴다.

29 11에서 남겨둔 줄과 묶는다.

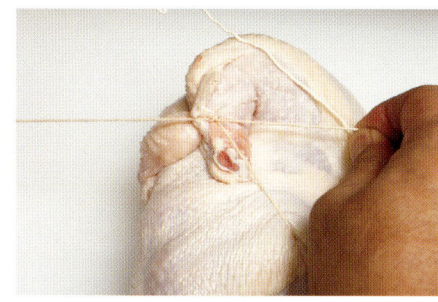

30 2번 돌려서 묶은 다음 몸통 가장자리쪽에서 매듭을 짓고 연줄을 자른다.

내장과 뼈를 손질하는 기술

몸통에서 빼낸 내장을 손질하는 방법을 설명한다. 내장을 요리할 때는 직접 닭 몸통에서 분리해서 사용할 수도 있지만, 정육점에서 부위별로 손질해 놓은 것을 구입해서 사용하는 것이 일반적이다.

프랑스요리 / 다카라 야스유키(긴자 레칸)

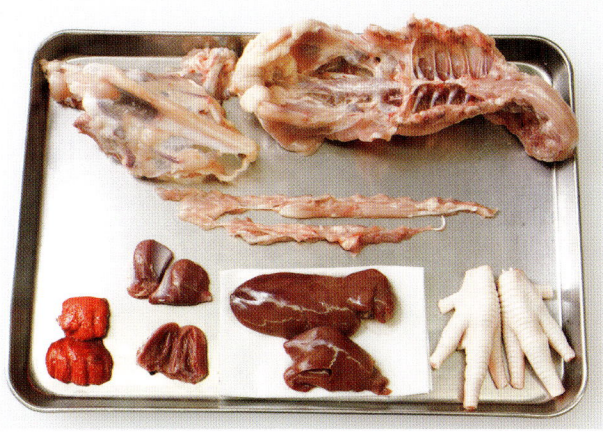

닭똥집

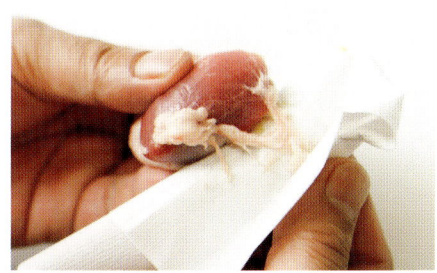

1 주변에 붙어 있는 지방을 키친타월로 문질러서 떼어낸다.

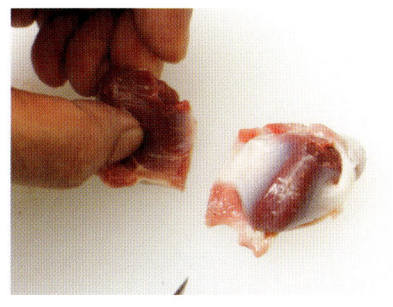

4 반으로 자른다. 용도에 따라 그대로 사용하는 경우도 있다.

2 반으로 자르면 닭똥집 안에 남아 있던 먹이가 나온다.

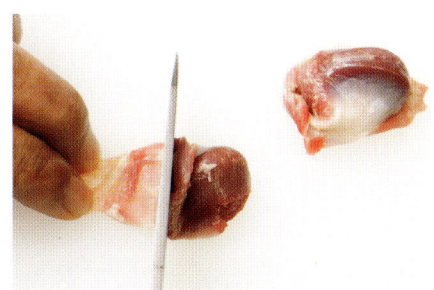

5 칼로 흰색 껍질을 벗겨낸다.

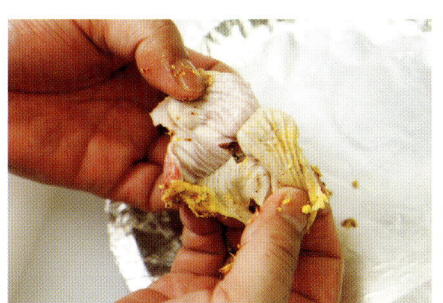

3 안쪽의 막을 벗기고 내용물을 제거한 다음, 물로 씻는다.

염통(심장)

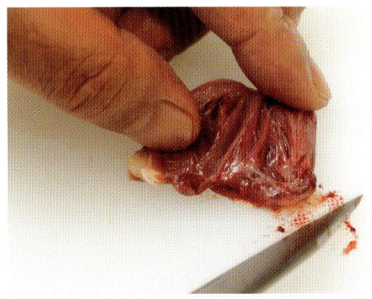

세로로 2등분해서 안에 남아 있는 핏덩어리를 제거한다.

뼈

목뼈에 남아 있는 콩팥과 지방 등을 꼼꼼히 제거하여 각종 요리의 육수를 만들 때 사용한다. 깨끗하게 손질하는 것이 맑은 육수를 내는 비결이다.

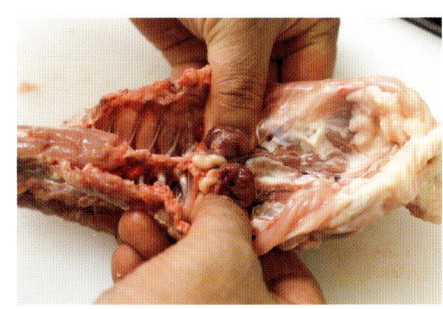

등뼈에 남아 있는 내장이나 엉덩이 주변의 지방을 꼼꼼히 제거한다.

허파

피를 넣어 만드는 소스를 걸쭉하게 만들기 위해 사용한다.

간

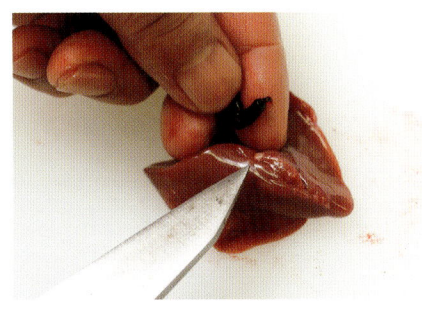

1 핏덩어리가 남아 있으면 제거한다.

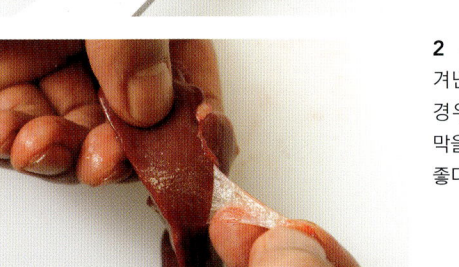

2 주변의 얇은 막을 벗겨낸다. 주변이 오염된 경우도 있으므로 얇은 막을 벗기는 것이 위생상 좋다.

3 쓸개가 닿아서 변색된 부분을 잘라낸다. 물로 피를 씻어낸다.

목살

목뼈에서 떼어낸 목살을 일본에서는 '세세리'라고 하는데, 씹는 느낌이 좋아서 꼬치구이로 많이 먹는다. 프랑스요리에서는 콩소메 등의 재료로 사용한다.

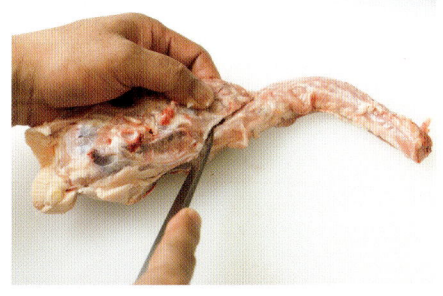

1 몸통과 이어진 부분에 칼집을 낸다.

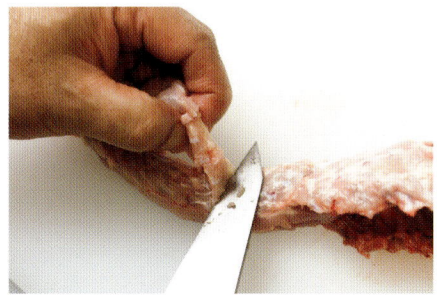

2 칼집을 낸 부분부터 목뼈에 붙어 있는 고기를 잡아당겨서 잘라낸다.

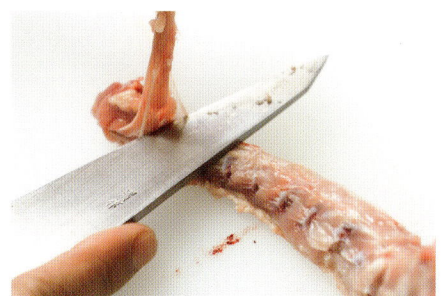

3 머리가 붙어 있던 부분까지 잘라낸다. 반대쪽도 같은 방법으로 손질한다.

닭발을 손질하는 기술

닭발은 젤라틴이 풍부하고 식감이 독특해서 인기가 많다. 겉면의 얇은 껍질과 발바닥의 단단한 갈색 껍질 등을 꼼꼼히 제거한 다음 사용한다.
일본에서는 닭발의 모양이 단풍잎을 닮았다고 해서 '모미지(紅葉)'라고 부른다.   중국요리 / 다무라 료스케(아자부초코)

닭발

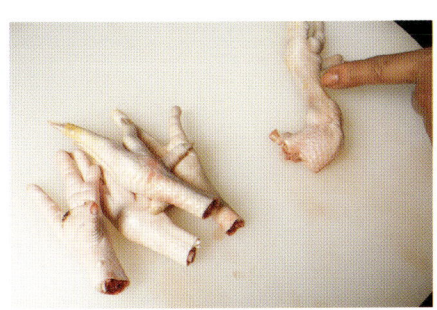

1 관절 아래의 가는 부분(손가락으로 가리키는 부분)을 칼로 자른다.

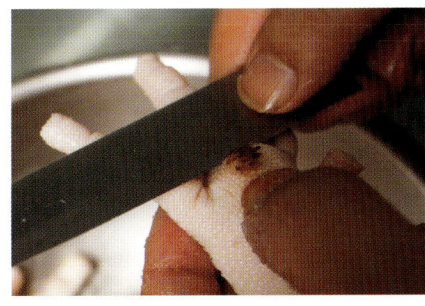

4 발바닥에서 갈색으로 딱딱하게 굳어 있는 부분을 칼로 잘라낸다.

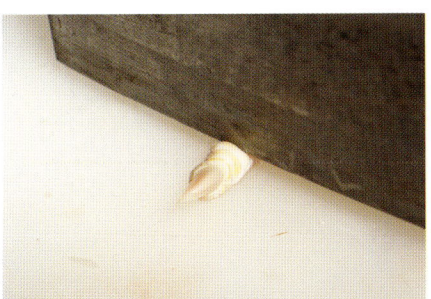

2 발톱을 모두 자른다.

5 물을 몇 번 갈아주면서 깨끗이 씻은 다음, 체에 건져서 물기를 뺀다.

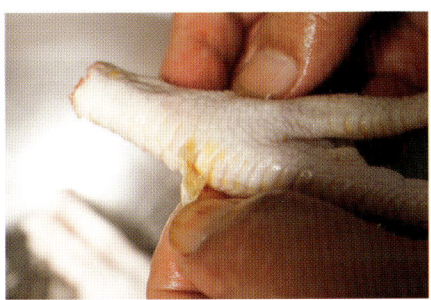

3 볼에 담고 소금으로 문질러서 남아 있는 껍질을 제거한다. 문지르는 동안 자연스럽게 껍질이 벗겨진다.

국물요리에는 왜 닭고기를 많이 사용할까?

육수의 감칠맛 성분은 주로 글루타민산(아미노산)과 이노신산(핵산계 물질)이다. 고기를 끓여서 육수를 우려내는 이유는 고기에 글루타민산과 이노신산이 많이 함유되어 있기 때문이다.

소고기, 돼지고기, 닭고기 중 글루타민산이 많은 것은 닭고기이고, 이노신산이 월등히 많은 것은 돼지고기와 닭고기라는 것은 잘 알려진 사실이다. 즉, 감칠맛 성분은 닭고기 ≧ 돼지고기 > 소고기 순서로 많이 함유되어 있으며, 닭고기에 가장 많이 함유되어 있다.

전골이나 국 등 국물요리에 소고기나 돼지고기보다 닭고기를 많이 사용하는 이유 중 한 가지는 감칠맛이 뛰어난 육수를 우려낼 수 있기 때문이다. 참고로 같은 닭고기라도 가슴살이나 안심에는 이노신산이 많지만, 다리살에는 가슴살이나 안심의 60% 정도 밖에 없다.

육수를 우려낼 때는 일반적으로 찬물에 고기를 넣고 점점 온도를 올린다. 끓는 물에 고기를 넣으면 표면의 단백질이 열에 의해 굳어져서 고기 속의 감칠맛 성분이 녹아 나오기 어렵기 때문이다. 물에 녹아 나오는 글루타민산의 양은 오래 가열할수록 많아진다. 반면 이노신산의 경우에는 90~100℃로 오래 끓일 경우 열에 의해 분해되기 때문에, 육수에 함유된 이노신산의 양이 줄어든다.

소고기로 우려낸 국물에 대한 연구를 보면 고기에서 국물에 녹아 나오는 이노신산의 양은 3~4시간 가열했을 때 가장 많고, 그 후에는 점점 줄어든다고 한다.

육수의 맛에는 펩티드(아미노산이 2개에서 수 십 개까지 결합된 것)라는 성분도 관련되어 있다. 펩티드 자체에는 맛이 없지만 감칠맛을 강하게 해주고 깊은 맛을 내는 효과가 있다. 지금까지의 연구에 의하면 고기의 온도가 60℃에 가까워지면 펩티드가 증가한다고 알려져 있다.

또한 콜라겐의 양도 육수 맛에 영향을 준다. 육수에 포함된 콜라겐의 양이 많을수록 감칠맛이나 부드러운 맛이 강하게 느껴지고 육수가 걸쭉하고 진해진다. 고기에서 녹아 나오는 콜라겐의 양은 가열온도가 높을수록 많아진다. 그러나 100℃ 정도에서 오래 가열하면 고기에서 녹아 나오는 콜라겐의 양은 늘어나지만 이미 육수에 녹아 있는 이노신산이 가열에 의해 분해되며, 보글보글 끓고 있는 상태에서는 고기에서 녹아 나온 지방이 작은 기름방울이 되어 흩어져서 육수가 탁해지기도 한다.

육수를 우려낼 때는 85~90℃ 정도, 즉 겉면이 약하게 움직이는 정도의 온도로 가열하는 것이 좋다.

FRANCE

프랑스요리의
육수와 정통요리

2

퐁 블랑 드 볼라유

Fond blanc de volaille

닭고기 흰색 육수는 서양식 닭고기 육수이다. 여러 가지 요리에 사용할 수 있도록 그대로 마실 수 있을 정도로 맑고 깔끔하게 완성하였다. 잡맛이 없고 깔끔한 감칠맛이 충분히 우러난 육수는 어디에나 어울리지만, 너무 진하게 만들면 사용할 수 있는 요리가 한정되므로 주의한다. 육수의 잡맛을 없애기 위해서는 닭뼈에 붙어 있는 내장과 지방 등을 꼼꼼하게 제거하는 것이 매우 중요하다. 또한 향미채소(미르푸아)를 오래 가열하면 뭉그러져 퓌레 상태로 육수와 섞이기 때문에, 완성되는 시간을 예측하여 크기를 조절해서 잘라야 깔끔한 육수를 만들 수 있다. 또한 수분량을 항상 일정하게 유지해야 젤라틴질이 필요 이상 추출되지 않아 맑게 완성할 수 있다. 따라서 냄비 안의 수분량을 일정하게 유지하기 위해 물을 적당히 보충하면서 끓여야 하며, 푹 끓이는 것이 아니라 향과 맛을 추출한다는 느낌으로 육수를 우려낸다. 주로 수프나 닭고기 크림 소스 등에 사용한다.

재료 지름 36㎝ 낮은 들통냄비 1개 분량 / 완성 분량 약 10ℓ
닭뼈(영계) 4㎏
날개(중간날개~아랫날개) 1.2㎏
향미채소
└ 양파 3개
├ 당근 3개
├ 셀러리 2대
├ 리크 0.7대
└ 마늘 1/2톨
부케가르니 1다발

닭뼈

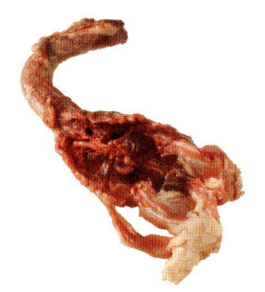

손질 전의 닭뼈. 허파와 콩팥이 붙어 있는 상태. 엉덩이 근처에는 지방도 그대로 붙어 있다.

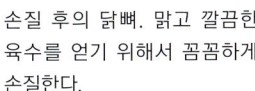

손질 후의 닭뼈. 맑고 깔끔한 육수를 얻기 위해서 꼼꼼하게 손질한다.

날개

날개. 중간날개와 아랫날개(윙)를 사용한다.

칼집을 넣은 모습. 중간날개와 아랫날개(윙) 사이의 관절 위와, 중간날개 가운데를 칼턱으로 두드려서 칼집을 내면 골수에서 감칠맛이 나온다.

향미채소

육수에 향과 단맛을 더하고 닭의 잡내를 없애기 위해서 넣는다. 시간의 차이를 두고 넣는 것이 아니라, 끓이는 시간을 계산하여 크기를 결정한다. 골고루 잘 익고, 끝까지 뭉그러지지 않고 모양이 유지되도록 채소에 따라 크기와 자르는 방법을 달리한다.

양파 껍질을 벗기고 세로로 2등분한다.
당근 껍질을 벗겨서 세로로 2등분하고, 다시 중간까지 세로로 칼집을 넣는다.
셀러리 껍질째 세로로 칼집을 넣는다.
리크 세로로 칼집을 내서 속에 있는 흙을 털어낸다. 대파로 대체할 수 있다.
마늘 껍질째 가로로 2등분한다.

부케가르니

허브나 향신료를 모아서 다발을 만든 것으로, 육수에 넣어 향을 더하고 닭고기의 잡내를 없앤다. 리크를 이용하여 파슬리 줄기, 월계수, 타임, 흰 후추를 감싸고 연줄로 묶는다. 부케가르니에서 향이 다 우러나면 꺼내기 쉽도록 연줄을 길게 남겨서 냄비 손잡이에 묶어둔다. 육수는 3~4시간 정도 끓이기 때문에 끝까지 계속 넣어두면 향이 너무 진해진다. 또한 부케가르니를 너무 오래 가열하면 쓴맛이 우러나기 때문에 중간에 건져내기 쉽게 해둔다.

닭뼈와 날개를 손질한다

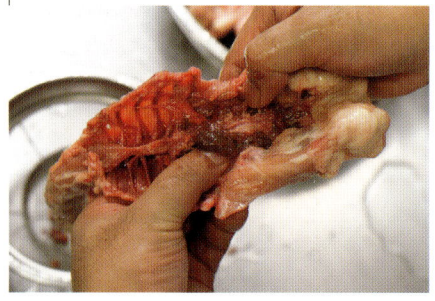

1 등뼈 안쪽에 남아있는 허파와 콩팥을 엄지손가락으로 훑어서 제거한다.

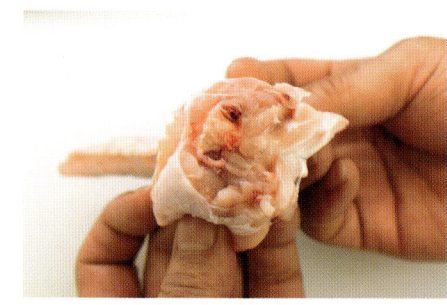

6 중간날개를 두드려서 뼈를 쪼갠다.

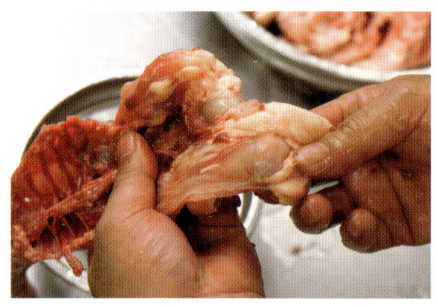

2 닭뼈에 붙어 있는 지방과 껍질을 제거한다.

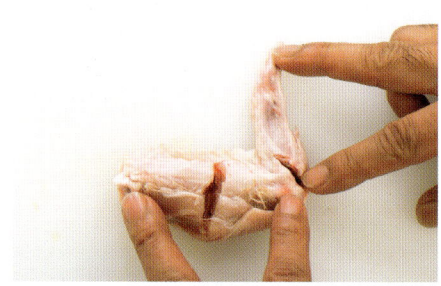

7 날개가 3부분으로 나뉘도록 칼집을 넣는 것은 고르게 익히기 위해서이다. 감칠맛이 잘 녹아 나오고, 오래 끓여도 모양이 뭉그러지지 않게 준비한다.

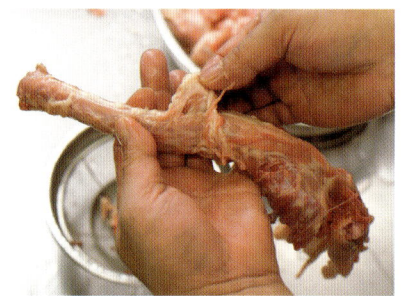

3 목에 붙어 있는 얇은 막과 지방을 제거한다.

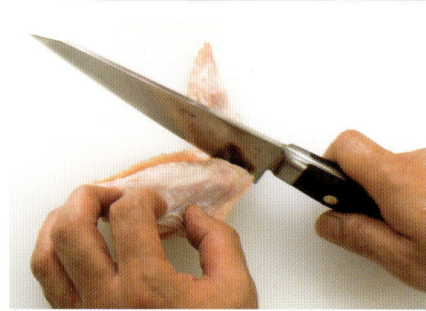

4 날개에서 감칠맛과 젤라틴이 녹아 나오도록, 아랫날개(윙)와 중간날개 사이의 관절을 칼턱으로 두드려서 칼집을 낸다.

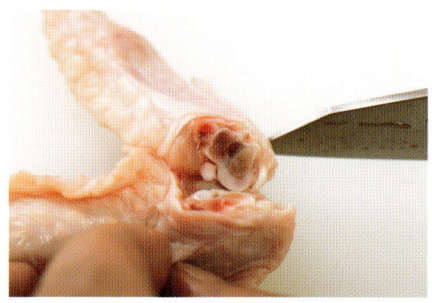

5 칼이 잘 들어가는 관절 사이가 아닌 연골부분을 두드려서 자른다.

거품과 기름을 제거한다

8 냄비에 손질한 닭뼈와 날개를 넣고 잠길 정도로 물을 붓는다. 센 불로 끓인다.

13 얼음을 넣으면 남아 있던 기름과 핏물이 응고되어 위로 떠오른다. 하얀 거품까지 모두 꼼꼼히 걷어낸다.

9 미리 물로 씻지 않기 때문에, 거품을 꼼꼼하게 걷어내야 한다. 물의 양은 단시간에 끓을 정도면 충분하다.

10 보글보글 끓기 시작하면 불을 줄이고, 위로 뜨는 거품을 걷어낸다. 불이 너무 세면 기름이 국물에 퍼진다.

11 아래쪽부터 잘 저으면 닭뼈에 붙어 있던 불순물이나 기름이 위로 떠오르므로 꼼꼼하게 제거한다.

12 거품을 모두 걷어낸 다음 얼음을 넣는다.

퐁을 만든다

14 거품을 모두 걷어낸 다음, 준비해둔 향미채 소를 넣는다.

15 부케가르니를 냄비 에 넣고 연줄을 냄비 손 잡이에 묶어 둔다.

16 불의 세기를 일정하 게 유지하고 거품을 걷 어내면서 3~4시간 동안 끓인다. 냄비 속 수분의 양이 일정하게 유지되도 록 적당히 물을 보충한 다.

17 향이 충분히 우러나 면 중간에 부케가르니를 꺼낸다.

18 3시간 동안 우려낸 육수.

19 시누아를 사용하여, 육수가 탁해지지 않도록 다른 냄비에 조심스럽게 거른다.

20 국자로 세게 누르면 향미채소가 으깨져서 페 이스트 상태가 되므로, 시누아 손잡이를 톡톡 두드리면서 조심스럽게 거른다.

21 스푼으로 육수를 살 짝 떠서 소금을 조금 넣 어 간을 한 다음, 맛이 충 분히 우러났는지 확인한 다. 그대로 마실 수 있을 정도로 완성한다.

22 다시 불에 올려 약 한 불로 끓이면서 거품 을 걷어낸다. 이것을 다 시 한 번 시누아에 걸러 저장용기에 담고, 식으면 냉장보관한다.

쥐 드 볼라유

Jus de volaille

오븐에 적당히 구운 목과 날개를 채소와 함께 육수(퐁)에 넣고 끓인 닭고기 육즙소스. 요리의 맛을 보충하거나 소스로 사용하는 경우가 많기 때문에 육수보다 농축된 맛이지만, 육즙소스에도 깔끔한 감칠맛이 필요하므로 재료를 볶은 프라이팬을 데글라세(냄비 바닥에 눌어붙은 육즙을 액체로 녹여내는 것) 하지 않는다. 대신 감칠맛을 보충하기 위해 퐁 드 보(송아지 육수)를 첨가한다.

끓이는 시간은 1시간 30분 정도이므로, 채소는 육수(퐁)를 낼 때보다 작게 5~6㎜ 크기로 깍둑썰기한다. 닭요리는 물론 그 외에도 생선, 조개, 달팽이요리 등에 사용할 수 있다.

재료 지름 28㎝ 양수냄비 1개 분량 / 완성 분량 약 500cc
목 1kg
날개(중간날개~아랫날개) 250g
향미채소
┌ 양파 1/2개
├ 당근 1/4개
└ 셀러리 1대
퓨어 올리브유 적당량
토마토 페이스트 10g
화이트와인 100cc
퐁 블랑 드 볼라유(→p.40) 1.2ℓ
퐁 드 보(송아지 육수) 100cc
토마토 1개
마늘 1쪽
부케가르니 1다발

목

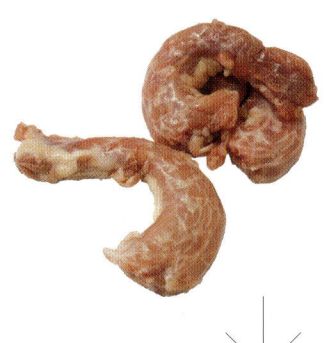

여분의 지방과 얇은 막을 제거해둔다.

골고루 익도록, 칼턱을 사용하여 2~3㎝ 길이로 자른다.

날개

중간날개와 아랫날개(윙)를 사용한다.

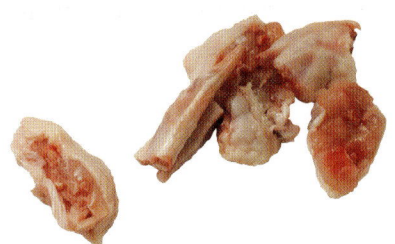

목과 마찬가지로 고르게 익도록 칼턱을 사용하여 2~3㎝ 길이로 자른다.

향미채소와 부케가르니 등

쥐 드 볼라유에 넣는 향미채소, 부케가르니, 토마토 페이스트.

감칠맛과 향이 잘 우러나게 준비한다. 향미채소는 가로세로 5mm 크기로 깍둑썰기하고, 마늘은 껍질째 세로로 2등분한다. 토마토는 손으로 갈라놓는다.

오른쪽부터 퐁 블랑 드 볼라유, 퐁 드 보(송아지 육수), 화이트와인.

3 국물이 탁해지는 것을 막기 위해 색깔이 너무 진해지지 않게 굽는다. 속까지 완전히 익으면 오븐에서 꺼낸다.

4 닭에서 나온 기름을 제거한다. 데글라세하면 고소한 맛을 낼 수 있지만, 닭고기 향이 없어지고 쓴맛 등의 잡맛이 우러나기 때문에 데글라세는 하지 않는다.

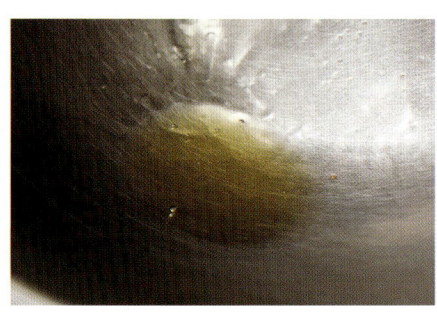

5 체에 걸러낸 기름이 퓨어 올리브유와 같은 정도로 맑은 것이 좋다.

목과 날개를 굽는다

1 목과 날개를 2~3cm 길이로 자르고, 퓨어 올리브유를 충분히 두른 프라이팬에 넣어 볶는다.

2 색깔이 하얗게 변하면 180℃로 예열한 오븐에 넣는다. 중간에 2~3번 정도 닭고기를 꺼내서 섞은 다음, 다시 오븐에 넣어 골고루 익힌다.

향미채소를 볶는다(쉬에)

6 퓨어 올리브유를 두른 냄비에 향미채소를 넣어서, 갈색으로 변하지 않고 단맛이 나도록 천천히 볶는다.

7 채소에서 수분이 나와 촉촉한 상태가 된다. 이 과정에서 채소를 부드럽게 만들 필요는 없다.

쥐를 만든다

8 7의 채소에 토마토 페이스트와 마늘을 넣는다. 기름을 제거한 4의 닭고기를 넣고 섞어서 골고루 가열한다.

9 화이트와인을 붓고 알코올을 날린다. 조리는 것이 아니라, 알코올을 날리는 정도로만 가열하는 것이 좋다.

10 퐁 블랑 드 볼라유를 재료가 잠기는 정도보다 조금 많이 붓는다.

11 퐁 드 보(송아지 육수)를 넣어 감칠맛을 더한다. 중간 불로 보글보글 끓을 정도로 가열한다.

12 거품이 뜨기 시작하면 불을 약하게 줄이고 걷어낸다.

13 부케가르니와 꼭지를 제거한 다음 손으로 4등분한 토마토를 넣고, 1시간 30분 정도 끓인다. 중간 불을 유지한다.

14 1시간 정도 끓인 모습. 닭고기와 향미채소는 마지막까지 모양이 뭉그러지지 않게 한다.

15 맛이 충분히 우러나면 다른 냄비 위에 시누아를 올리고 거른다.

16 채소류가 뭉개져서 소스가 탁해지지 않도록, 시누아 손잡이를 톡톡 두드리면서 거른다. 마지막에 실리콘주걱으로 살짝 눌러준다.

17 다시 불에 올리고 거품과 기름을 제거하여 맛을 조절한다. 시누아로 다시 한 번 걸러서 저장용기에 담은 다음 식혀서 냉장보관한다.

콩소메 드 볼라유

Consommé de volaille

닭고기 콩소메는 소고기 콩소메보다 가볍고 부드러운 맛이 특징으로, 활용도도 높기 때문에 맑고 깔끔한 맛을 내는 것이 중요하다. 국물을 맑게 만들기 위해서는 준비한 재료를 잘 섞는 것이 포인트이다. 다짐육과 향미채소는 모두 비슷한 정도로 잘게 다져서 준비하고, 몇 번에 나눠서 골고루 잘 섞는 것이 비결이다. 익을 때까지는 바닥에 눌어붙지 않도록 나무주걱으로 살짝 저어주고, 익은 다음에는 가능하면 움직이지 않도록 불을 약하게 유지한다. 이 재료들은 국물을 맑게 해줄 뿐만 아니라, 냄비 안에서 대류하고 있는 콩소메에 닭고기와 채소의 감칠맛을 더해주는 역할을 한다. 수프를 비롯하여 닭요리나 채소요리로 만든 젤리, 테린 젤리, 콩소메 루아얄 등에 사용한다.

재료 지름 33㎝ 낮은 들통냄비 1개 분량 / 완성 분량 약 8ℓ

맑게 완성하기 위한 재료
- 향미채소
  - 양파 500g
  - 당근 300g
  - 셀러리 100g
- 토마토 페이스트 80g
- 달걀흰자 600g
- 닭고기 다짐육(굵게 다진 가슴살과 목살) 3㎏

퐁 블랑 드 볼라유(→p.40) 10ℓ

양파 1/2개

토마토 1개

부케가르니 1다발

다짐육

닭고기 다짐육은 가슴살과 목살을 굵게 다져서 준비한다. 지방이 많이 들어가지 않도록 정육점에 주문하여 사용한다.

육수와 달걀흰자

퐁 블랑 드 볼라유(오른쪽)와 달걀흰자(왼쪽).

향미채소와 부케가르니 등

향미채소는 적당히 잘라서 푸드프로세서에 넣고 잘게 다진다. 부케가르니는 리크를 이용하여 파슬리 줄기, 월계수, 흰 후추, 타임 등을 싸서 연줄로 묶는다. 토마토 페이스트와 토마토를 준비한다.

양파는 껍질을 벗기고 반으로 자른 다음, 자른 면이 알루미늄포일에 닿게 조리용 철판 스토브에 올려서 굽는다. 이렇게 태운 양파를 넣어야 콩소메에 고소한 향과 깊은 색이 생기며, 탄 부분에 거품이 달라붙어서 국물이 맑아지는 효과가 있다.

맑게 완성하기 위해 재료를 준비한다

1 향미채소는 껍질을 벗기고 2㎝ 크기로 깍둑썰기한다. 몇 번에 나눠서 푸드프로세서에 넣고 잘게 다진다.

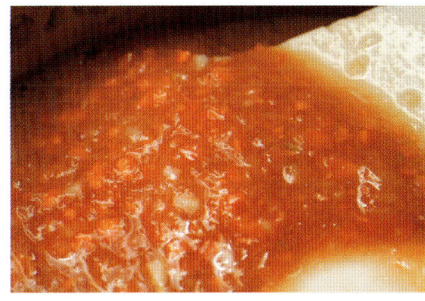

4 사진과 같은 상태가 될 때까지 섞는다. 푸드프로세서로 섞으면 달걀흰자의 끈기가 없어지고, 거품이 생기면서 전체적으로 잘 섞인다.

2 다짐육과 같은 정도로 잘게 다진다.

5 4를 1/3씩 다짐육에 넣는다. 나눠서 넣어야 골고루 잘 섞인다.

3 토마토 페이스트와 달걀흰자를 넣고, 섞는 기능을 사용하여 잘 섞어준다.

6 손가락을 벌려서 속까지 골고루 잘 섞는다.

7 골고루 잘 섞인 상태. 잘 섞으면 가열할 때 거품을 걷어내기 쉽다.

콩소메를 만든다

8 육수를 끓여서 상태를 확인하기 위해 맛을 보고, 거품을 걷어낸다. 만약 젤라틴질이 많으면 2번째 콩소메(→p.51)를 넣어 묽게 만든다. 50℃까지 식으면 몇 번에 나눠서 7에 붓고 섞는다. 고기와 향미채소에 육수를 부어서 녹이는 느낌이다. 50℃는 달걀흰자와 닭고기가 익기 직전의 온도이다.

9 잘 섞이면 나머지 육수를 모두 붓고 섞은 다음 중간 불로 끓인다.

10 냄비 바닥이 타지 않도록 나무주걱으로 크게 젓는다. 거품기를 사용하면 달걀흰자가 풀어져서 탁해지므로 주의해야 한다.

11 다짐육이 덩어리지기 시작하고 60℃가 되면 나무주걱을 냄비 가운데에 세운 다음, 그 부분을 기점으로 사방으로 냄비 바닥을 긁어내듯이 주걱을 움직인다. 익기 시작하면 고기가 흩어지지 않도록 최대한 전체를 움직이지 않는다. 약한 불을 유지한다.

12 묵직해지기 시작하면 익기 시작한 것이다. 고기색도 하얗게 변한다.

13 다짐육과 나무주걱이 닿는 느낌이 뻑뻑해지면 냄비 바닥이 타지 않으므로, 나무주걱을 뺀다. 바깥쪽 불을 끄고 안쪽 불로만 가열하여, 냄비 중심에서 바깥쪽으로 대류가 이루어지게 한다.

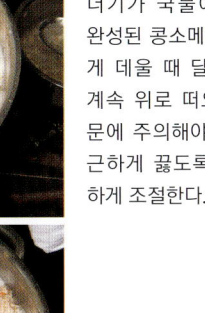

14 가운데에 구멍을 내고 거품을 걷어낸다. 건더기가 국물에 퍼지면 완성된 콩소메를 따뜻하게 데울 때 달걀흰자가 계속 위로 떠오르기 때문에 주의해야 한다. 뭉근하게 끓도록 불을 약하게 조절한다.

18 감칠맛이 충분히 우러나면 조심스럽게 국자로 떠서 다른 냄비 위에 시누아를 올리고 거른다. 이 작업은 끝까지 국자로 한다.

15 대류에 의해 국물이 고기를 통과하면 감칠맛이 추출된다. 채소의 단맛이 냄비 옆면에 닿아서 캐러멜화하는 향도 중요하다.

19 고기는 익었지만 냄비 바닥이 타지 않고 깨끗하다. 소고기 콩소메와 비교했을 때 닭고기가 더 부드럽다.

16 부케가르니(연줄을 냄비 손잡이에 묶어둔다), 태운 양파, 손으로 자른 토마토를 가운데 구멍에 넣는다.

20 걸러낸 콩소메를 끓여서 거품과 기름을 제거한다. 마지막에 2개의 시누아 사이에 면보자기를 끼우고 걸러서 식힌 다음 냉장보관한다.

17 1시간 30분이 지난 다음 부케가르니를 건져낸다. 3~4시간 정도 더 끓인다.

2번째 콩소메를 만든다

21 19의 냄비 가운데에 조심스럽게 물을 붓는다. 콩소메를 만든 육수의 양과 같은 양의 물을 넣는다.

22 약한 불을 유지하면서 4시간 정도 끓인다. 18과 같은 방법으로 걸러서 사용한다.

로스트치킨

Poulet rôti 풀레 로티

로스트치킨은 닭을 상자모양으로 정리해서 프라이팬에 올리고 겉면이 골고루 노릇노릇하게 구운 다음 오븐에 넣어 익힌다. 고기 속에 육즙이 남아 있도록 촉촉하게 구워야 하므로, 오븐으로 구운 시간만큼 남은 열로 익히는 과정을 몇 번 반복한다. 그리고 마지막은 프라이팬으로 아로제(뜨거운 기름을 끼얹으며 익혀서 향을 내는 것)하여, 껍질을 바삭하게 만들고 향을 낸다. 닭을 브리데하면 전체가 고르게 익을 뿐 아니라, 손님 앞에서 잘라서 서비스할 때 안정적으로 자를 수 있다는 장점이 있다.

재료 4인분

닭(내장 제거) 1마리(1.1kg)

소금 적당량

올리브유 120cc＋90cc

버터 30g

소스*

곁들이는 재료

├ 믹스 샐러드

└ 감자튀김**

* 쥐 드 볼라유(→ p.45)에 소금, 후추로
간을 한 것.

** 감자를 채썰어서 160℃ 기름으로 바
삭하게 튀긴 다음 소금을 뿌린다.

전체에 열을 가한다

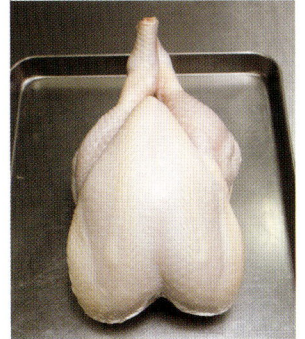

1 브리데한 닭.

4 프라이팬에 올리브유 120cc를
붓고 등쪽부터 약한 불로 굽는다.
등쪽부터 구우면 목껍질이 수축되
기 때문에, 가슴이 펴져서 보기 좋
게 구워진다.

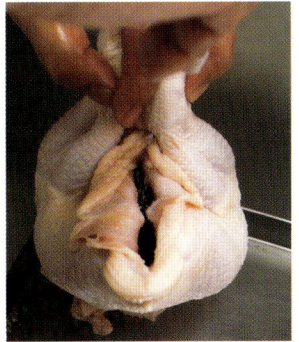

7 가슴쪽을 굽는다.

2 닭 전체에 소금을 골고루 뿌려
서 문지른다.

5 다음은 옆면을 굽는다.

8 움푹 패인 부분과 다리 끝부분
에 기름을 끼얹는다. 여기까지는 노
릇노릇하게 만드는 것이 아니라, 전
체에 열을 가하는 과정이다.

3 엉덩이 속에도 소금을 뿌려서
문지른다.

6 반대쪽 옆면을 굽는다.

익힌다

9 기름을 제거하기 위해 망 위에
올린다.

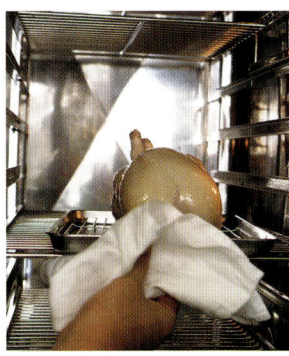

10 180℃, 100% 스팀 콤비모드로 설정한 컨벡션오븐(Fujimak 제품)에 넣고 15분 동안 가열한다.

13 오븐에서 꺼내 알루미늄포일을 다리부분에 덮고, 따뜻한 곳에서 5분 동안 남은 열로 익힌다.

노릇노릇하게 만든다

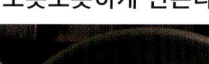

16 프라이팬에 버터 30g과 올리브유 90cc를 넣고 달군다. 올리브유가 버터가 타는 것을 막아준다.

부위별로 나눈다

19 완성되면 더 이상 그대로 두지 않는 것이 좋다. 매듭 근처의 실을 자르고 매듭을 잡아당겨서 실을 빼낸다.

11 오븐에서 꺼낸 다음 잘 익지 않는 다리부분에 알루미늄포일을 덮고, 따뜻한 곳에서 15분 동안 남은 열로 익힌다.

14 가슴부분에 알루미늄포일을 덮고 컨벡션오븐에 넣어 5분 동안 가열한다.

17 먼저 가슴쪽에 뜨거운 기름을 끼얹어 향과 색을 낸다. 방향을 돌려가며 전체에 기름을 끼얹어 색을 낸다.

20 등이 위를 향하게 놓고, 엉덩이쪽부터 등뼈를 따라 세로로 칼집을 넣는다.

12 가슴살은 더 이상 익히지 않아도 되므로 알루미늄포일을 가슴쪽으로 옮기고, 다시 컨벡션오븐에 넣어서 5분 동안 가열한다.

15 오븐에서 꺼낸 다음 닭 전체에 포일을 덮고 3분 동안 따뜻한 곳에 둔다.

18 기름이 붉은 갈색으로 변하고, 뱃속에서 나오는 육즙이 투명해지면 완성.

21 다리에 붙어 있는 소리레스 위에 칼을 넣어 열십자 모양으로 칼집을 낸다.

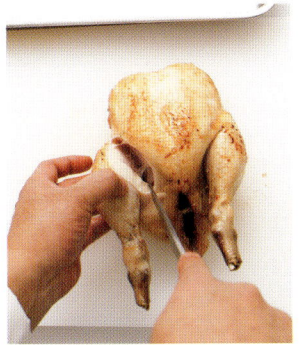

22 가슴이 위를 향하게 놓고, 다리와 몸통이 이어진 부분 주위의 껍질을 엉덩이쪽까지 자른다.

25 잘라진 다리. 반대쪽 다리도 같은 방법으로 자른다.

28 가슴살에서 안심을 분리한다. 칼로 힘줄을 자르면서 손으로 잡아 당긴다.

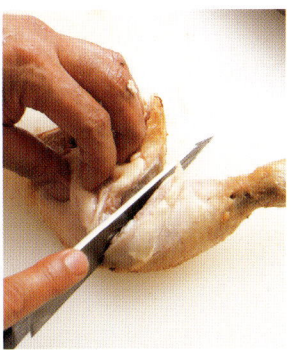

31 다리 관절에 칼을 넣고 잘라서 분리한다.

23 관절이 보이게 손으로 다리를 벌리고, 칼로 엉덩이쪽까지 자른다.

26 엉덩이쪽부터 가슴뼈를 따라 칼을 넣고 날개 관절을 잘라낸다.

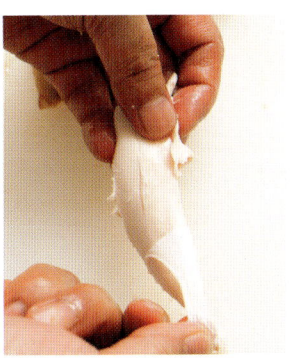

29 안심 주변에 붙어 있는 얇은 막을 벗겨낸다.

32 잘라서 나눈 로스트치킨. 왼쪽 위는 정강이(북채). 오른쪽 위는 안심. 가운데는 넓적다리. 왼쪽 아래는 윗날개(봉), 오른쪽 아래는 가슴살. 먹기 좋게 잘라서 접시에 담는다. 곁들이는 재료와 소스를 함께 낸다.

24 관절을 칼로 잘라서 분리하고, 소리레스를 다리에 붙여서 자른다.

27 몸통을 칼로 누르고, 손으로 가슴과 날개를 잡아당겨서 분리한다. 반대쪽 가슴살도 같은 방법으로 분리한다.

30 가슴살에서 윗날개(봉)를 잘라낸다.

닭다리 콩피

Confit de cuisse de poulet

콩피 드 퀴스 드 풀레

저온의 기름으로 오랫동안 익히는 콩피는 저장을 목적으로 예로부터 전해오는 요리방법이다. 수용성인 감칠맛과 육즙이 빠져나가지 않기 때문에, 최근에는 고기요리에 개성적인 풍미와 식감을 더하는 방법으로 사용되고 있다. 닭고기 중에서는 다리살, 특히 수축이 적은 뼈 있는 다리살이 적당하다. 다리살은 근섬유에서 콜라겐이 녹아나오는 동시에 부드러워지므로, 가슴살보다 콩피에 더 잘 어울린다. 다리살 외에 닭똥집도 콩피에 적당한 부위이다.

콩피는 라드에 담근 상태로 2주 동안 냉장보관이 가능하다. 취향에 따라 라드를 거위 기름이나 올리브유, 식용유 등으로 대체해도 좋다. 올리브유나 식용유는 라드보다 가벼운 느낌으로 완성된다.

또한 진공팩을 사용하는 방법도 있다. 1개씩 팩에 넣고 가열하면 기름을 조금만 사용할 수 있고 보관하기도 쉬우며, 주문에 따라 필요한 만큼 꺼내서 사용하기 좋다. 또한 바삭하게 구운 고소한 껍질이 특징이므로, 껍질이 손상되지 않도록 주의한다.

재료 2인분
다리살(뼈째)
　2개(200~220g×2)
마늘 2쪽
타임 3~4줄기
굵은 소금 닭고기 무게의 1%
라드 적당량
머스터드 소스* 적당량
곁들이는 재료
└ 감자구이(Pomme Rosti)**

* 냄비에 버터 15g과 다진 에샬로트 30g을 넣고 소금을 적당량 넣어 색이 변하지 않게 볶는다. 화이트와인 60cc, 화이트와인식초 15cc를 넣고 충분히 졸인다. 쥐 드 볼라유(→p.45) 300cc를 넣고 살짝 졸여서 시누아로 거른다. 소금, 후추(적당량씩), 씨겨자 15g, 다진 파슬리를 넣어 소스를 완성한다.

** 프라이팬에 식용유 90cc를 넣고 듬성듬성 자른 감자 1개 분량, 마늘(껍질째) 2쪽, 타임 4줄기를 넣고 저온으로 볶는다. 프라이팬의 온도를 천천히 올려서 감자를 골고루 노릇노릇하게 구운 다음, 소금과 검은 후추를 적당량씩 넣고 간을 한다. 감자가 익으면 식용유를 따라내고, 버터 15g을 넣어 버무린다. 마늘 껍질을 벗기고 소금을 뿌린다.

콩피 재료. 닭고기는 뼈가 붙어 있는 영계의 다리살을 사용한다. 다리살 무게의 1%에 해당하는 소금과 생타임, 마늘을 준비한다. 저장을 위한 것이 아니므로 소금은 적은 양으로 충분하다. 마늘은 결과 반대로 슬라이스하면 자른 면이 넓어져서 풍미가 잘 우러난다. 이 밖에도 적당량의 라드가 필요하다.

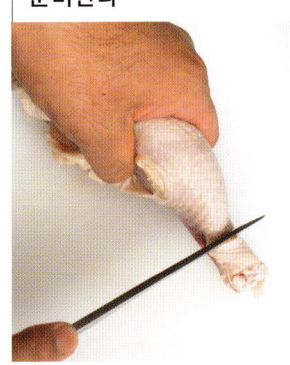

1 보기 좋게 만들기 위해 다리 끝부분에 칼집을 1바퀴 돌려서 넣는다. 칼이 뼈에 닿을 정도로 깊게 넣는다 .

3 칼집을 낸 부분의 뼈를 드러내고, 보기 좋게 모양을 정리한다.

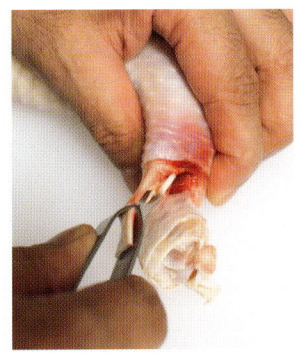

2 핀셋으로 힘줄을 뽑아낸다. 두꺼운 힘줄이 2가닥, 가는 힘줄도 몇 가닥 있다. 힘줄은 고기와 식감이 다르므로 모두 제거한다.

마리네이드한다

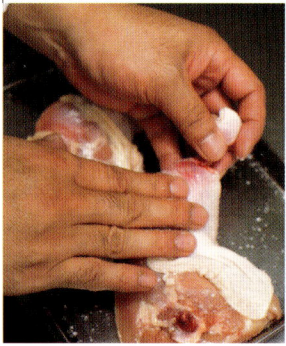

4 굵은 소금을 다리 바깥쪽과 안쪽에 골고루 뿌린 다음, 문질러서 소금이 전체에 잘 스며들게 한다.

5 다리 안쪽과 바깥쪽에 타임과 마늘을 붙이고, 비닐랩을 살짝 덮어서 냉장고에 반나절 정도 넣어 둔다.

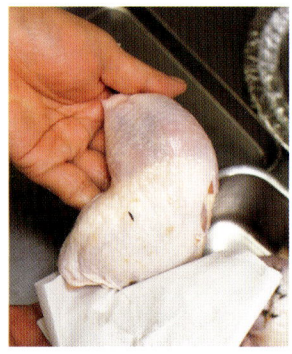

6 키친타월로 잡내의 원인이 되는 수분과 피를 꼼꼼히 닦아낸다. 소금기와 향은 이미 살 안으로 스며든 상태.

라드로 익힌다

7 라드를 녹여 80℃로 만든 다음, 냄비 바닥에 눌어붙지 않도록 껍질이 위를 향하게 다리를 넣는다.

8 조리용 철판 스토브에 철망을 올리고 80~85℃를 유지하면서 1시간 동안 가열한다. 온도가 올라가면 고기가 풀어지고 수분과 감칠맛이 빠져나가 퍽퍽해진다.

9 1시간 동안 가열한 모습. 힘줄을 잘 제거하면 보기 좋게 완성된다.

보관한다

10 다리살을 깊은 트레이에 옮긴 다음, 라드를 시누아에 걸러서 넣는다. 2개의 시누아 사이에 면보자기를 끼워서 거른다.

11 냄비 바닥에 가라앉은 수분만 남긴다. 남은 수분을 식히면 위에 남아 있던 라드가 굳는데, 이것을 건져서 10의 트레이에 옮긴다.

12 라드의 양은 다리살이 완전히 덮일 정도로 넣는다. 남은 열이 식으면 냉장보관한다.

굽는다

13 필요할 때 꺼내서 사용한다. 껍질이 손상되지 않도록 주의한다.

14 겉면의 기름을 닦는다.

15 프라이팬을 달구고 올리브유를 두른 다음, 껍질쪽이 아래로 가게 올려서 굽는다. 껍질이 바삭해지도록 중간 불로 굽는다.

16 프라이팬의 가장자리를 이용하여 전체를 노릇노릇하게 굽는다.

19 다리 끝부분을 깔끔하게 벗겨낸다. 곁들이는 재료와 같이 담고 소스를 올린다.

진공팩으로 만든다

좀 더 가벼운 맛으로 만들고 싶을 때는 올리브유와 식용유를 사용하거나, 아몬드나 헤이즐넛 등의 견과류 향미유를 조금 넣어도 좋다.

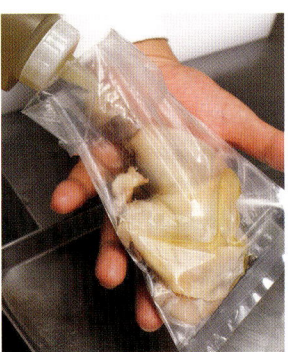

1 팩 안에 다리살을 넣고 올리브유와 향미유를 넣는다.

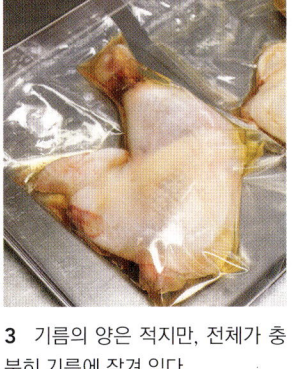

3 기름의 양은 적지만, 전체가 충분히 기름에 잠겨 있다.

17 색이 살짝 변하면, 더 이상 기름이 배지 않도록 프라이팬의 기름을 따라낸다.

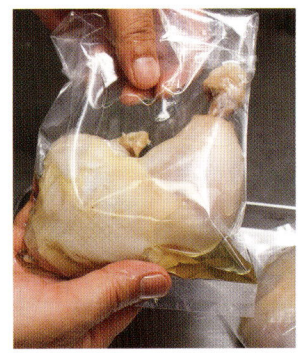

2 기름의 양은 진공 상태가 되었을 때 전체가 잠길 정도면 충분하다. 공기를 뺀다.

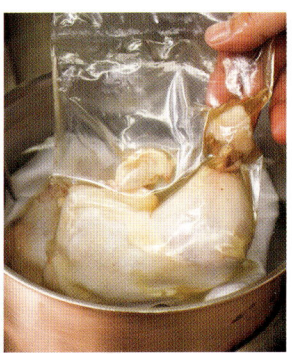

4 냄비에 물을 넣고 80℃로 데운 다음, 바닥에 면보자기를 깔아 냄비에 직접 닿지 않게 넣는다.

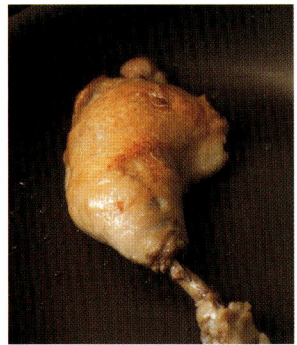

18 여기서부터는 겉면을 건조시켜서 완성하는 과정이다. 이 과정에서 속까지 데워지지 않으면 180℃ 오븐에 넣고 데운다.

5 조리용 철판 스토브에 철망을 깔고 냄비를 올려서 80℃를 유지하며 1시간 30분 동안 가열한다. 얼음물에 넣고 빨리 식혀서 냉장보관하면 2주 동안 보관할 수 있다.

치킨 소테

Poulet sauté 풀레 소테

가슴살 소테는 촉촉하고 부드러운 맛을 살리는 것이 포인트이다. 수분과 육즙이 빠져나가는 것을 막기 위해 소금을 뿌린 다음 곧바로 굽는다. 구울 때는 살이 손상되지 않도록 낮은 온도에서 프라이팬으로 굽고, 부푸는 정도나 상태를 보면서 몇 번씩 뒤집어 주면서 양면을 고르게 익힌다. 굽는 동안 프라이팬에 닿지 않는 반대쪽 살은 남은 열로 부드럽게 익는다. 센 불로 가열하면 살이 단단하게 수축되므로 주의한다.

재료 2인분
가슴살 1장(220g)
소금 적당량
올리브유, 버터 적당량씩
쥐 드 트랑슈*
바지락거품**
곁들이는 재료
 ┌ 죽순과 아스파라거스 소테***,
 │   브로콜리싹, 바지락,
 └   셀러리잎 적당량씩

* 냄비에 버터 10g을 넣고 다진 에샬로트 15g과 마늘 5g을 색이 변하지 않도록 볶는다. 쥐 드 볼라유(→p.45), 홀스래디시 간 것 3g, 바지락 쥐 30cc를 넣고 한소끔 끓인 다음, 시누아로 걸러서 다른 냄비에 담는다. 올리브유 15cc를 넣고 적당량의 소금으로 간을 한다.

** 바지락 8개를 겹치지 않게 나열한 다음 화이트와인 30cc와 물 15cc를 붓는다. 바지락이 반 정도 잠기도록 액체를 넣을 수 있는 냄비를 고른다. 약한 불로 끓여서 바지락 껍질이 열리면 건져내고, 국물은 면보자기로 거른다.(A) 바지락살은 곁들이는 재료로 사용한다. 대두레시틴 15g을 물 100cc에 녹여서 불에 올리고, 핸드믹서로 섞으면서 80℃까지 가열한 다음 걸러서 식힌다.(B) A를 조금 덜어서 물을 넣고 간을 맞춘 다음, B를 몇 방울 넣고 에어펌프로 거품을 낸다.

*** 죽순(삶은 것) 1/2개와 아스파라거스 2개를 잘라서 버터로 볶는다. 소금으로 간을 맞춘다.

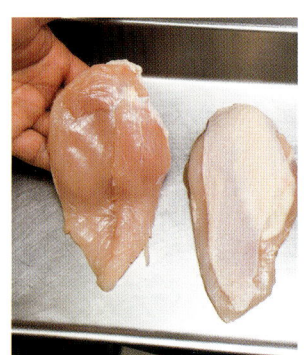

가슴살. 날개를 잘라내고 모양을 다듬어서 사용한다.

1 가슴살 양면에 소금을 골고루 뿌린다. 손으로 그림자를 만들면 소금을 어느 정도 뿌렸는지 보인다.

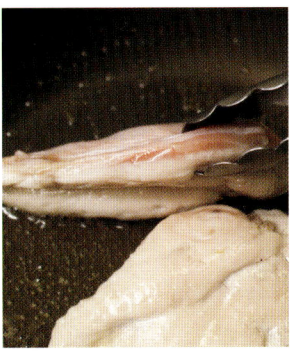

4 사진과 같이 살 주위가 하얗게 변하면, 뒤집어서 중간 불로 껍질쪽을 굽는다.

7 도톰한 부분은 프라이팬 가장자리에 대고 익힌다.

10 여기서부터는 닭고기에 향을 더하는 과정이다. 올리브유와 버터를 충분히 넣고 9를 껍질쪽부터 굽는다. 연기가 나지 않도록 불조절을 한다.

2 껍질쪽부터 구우면 뒤로 휘어지기 쉬우므로, 올리브유와 버터를 두른 저온의 프라이팬(연기가 나면 온도가 너무 높은 것이다)에 살쪽부터 굽는다.

5 사진과 같이 고기가 살짝 부풀면 뒤집는다. 껍질이 찢어지지 않도록 주의한다.

8 60% 정도 익었을 때 철망을 깐 트레이에 올려 따뜻한 곳에 두면, 열이 퍼져서 남은 열로 익는다.

11 버터가 붉은 갈색이 되면 뒤집는다. 살쪽은 노릇노릇하게 구울 필요가 없으므로 살짝 따뜻해질 정도로 굽는 것이 좋다.

3 프라이팬 안에서 가슴살이 움직이도록 흔들어주면서 굽는다.

6 여러 번 뒤집어가며 양면을 골고루 조금씩 익힌다. 프라이팬에 닿지 않는 반대쪽은 남은 열로 부드럽게 익는다.

9 2~3분이 지나면 알루미늄포일을 헐겁게 덮어 마르지 않게 한다. 5분 동안 그대로 둔다. 익히는 작업은 거의 끝난 상태.

12 잘라서 곁들이는 재료와 같이 접시 둘레에 올린다. 가운데에 쥐드 트랑슈를 붓고, 바지락거품을 곁들인다.

닭 찜

Poule au pot
풀오포

닭 한 마리를 통째로 채소와 같이 넣고 뭉근히 익힌다. 모든 재료가 알맞게 익는 시간을 계산하여, 채소 자르는 방법, 넣는 시점 등을 조절해야 한다.

이 요리는 닭고기뿐 아니라 고기와 채소의 감칠맛이 녹아 있는 국물을 마시는 요리이므로 너무 짜지 않게 만들어야 한다.

제공할 때는 통째로 테이블에 가져가 손님에게 보인 다음, 잘라서 제공하는 것이 좋다.

재료 지름 36cm 낮은 들통냄비 / 4인분
영계(내장 제거) 1마리(1.2kg)
소금 적당량
리크 4대(길이 10cm)
사보이양배추 1/8등분×2개
순무 4조각
당근 4조각
셀러리 4조각(길이 8cm)
흰 후추 10알
월계수 잎 적당량
퐁 블랑 드 볼라유(→p.40) 6ℓ

왼쪽 위부터 퐁 블랑 드 볼라유, 흰 후추(알갱이), 월계수. 아래 트레이 왼쪽 위부터 사보이양배추, 셀러리, 리크, 당근, 순무. 모든 채소는 가장 좋은 상태로 익는 시간을 미리 계산하여 크기와 모양을 결정한다. 사보이양배추와 리크는 흩어지지 않도록 연줄로 묶어둔다.

중간 크기 정도의 영계(내장 제거)를 준비하고, p.30을 참조하여 브리데한다.

곁들이는 소스(앞쪽부터 머스터드, 플뢰르 드 셀, 검은 후추)

삶는다

1 요리를 시작하기 1시간～1시간 30분 전에 전체에 소금을 살짝 뿌리고 문질러서 닭고기에 소금이 스며들게 한다.

※ 소금을 뿌린 직후에 삶으면, 겉면의 소금이 국물에 녹아 간이 짜진다. 후추는 고기 안에 스며들기 어려우므로 뿌리지 않고, 나중에 향을 내기 위해 육수에 흰 후추를 넣는다.

2 냄비에 닭을 넣고 차가운 퐁 블랑 드 볼라유(2번째 육수)를 사진과 같은 정도로 부어서 가열한다.

3 향을 내는 흰 후추와 월계수, 닭의 맛을 해치지 않을 정도로 소량의 소금을 조금 넣고, 중간 불로 천천히 끓인다.

4 45분 정도 지나면 육수가 조금씩 끓기 시작한다. 거품이 올라오면 걷어낸다.

6 사진과 같은 정도로 끓도록 불을 조절한다.

수프를 완성한다

8 수프를 완성하기 위해 닭고기와 채소를 건져낸다.

다리를 분리한다

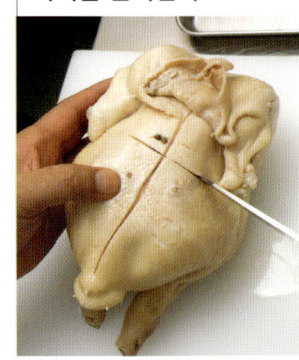

11 등이 위를 향하게 놓고 등뼈를 따라 세로로 칼집을 넣는다. 소리레스 위에 가로로 칼집을 넣는다.

5 보글보글 조용히 끓는 상태(80~85℃)가 되면, 준비한 여러 가지 채소를 넣는다.

※ 닭고기가 채소에 비해 익는 데 시간이 더 걸리므로, 채소는 나중에 넣어서 익는 정도를 맞춘다.

7 뱃속에서 투명한 육즙이 나오면 완성. 정강이를 잡았을 때 뼈와 살이 잘 분리되면 익은 것이다.

9 불을 세게 키우고 거품과 기름을 걷어낸다. 맛을 확인해서 부족하면 소금으로 간을 한다.

12 가슴이 위를 향하게 놓는다. 다리를 따라 칼끝을 넣어서 손으로 다리를 벌린다.

10 2개의 시누아 사이에 면보자기를 끼우고 육수를 거른다.

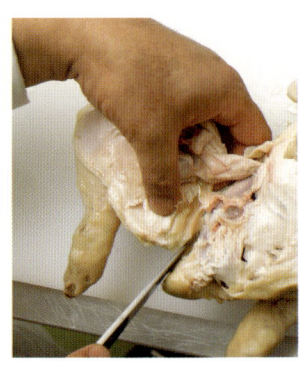

13 칼끝으로 잘라서 벌리는데, 소리레스는 다리와 함께 분리한다.

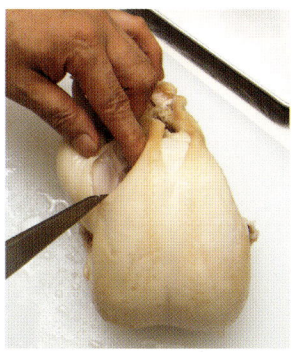

14 반대쪽 다리도 같은 방법으로 소리레스와 함께 분리한다.

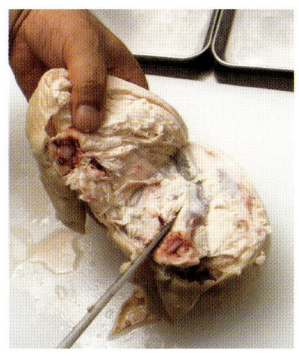

17 갈비뼈를 따라 칼을 넣어서 몸통을 분리하고, 가슴살을 잡아당겨 떼어낸다.

부위별로 나눈다

19 다리살은 관절에서 자른다.

22 다리살(아래)과 가슴살(위).

가슴살을 분리한다

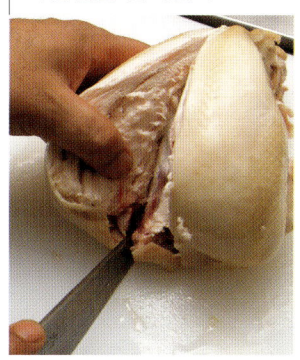

15 가슴이 위를 향하게 놓고, 가슴뼈에 칼을 넣어서 가슴살을 벌린다. 11에서 칼집을 넣었기 때문에 살이 쉽게 벌어진다.

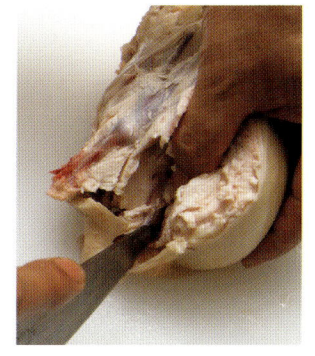

18 다른 한쪽의 가슴살도 같은 방법으로 분리한다. 날개 관절을 자르고 가슴살을 떼어낸다.

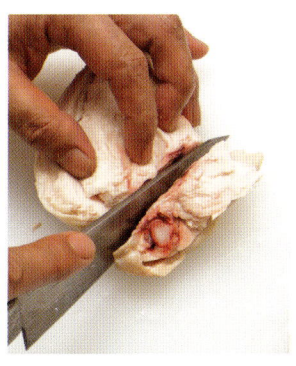

20 가슴살에서 날개를 잘라낸다.

23 닭고기 각 부위와 채소를 담고 수프를 뿌려서 제공한다.

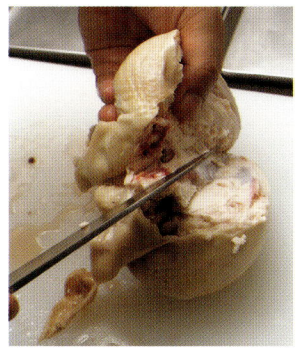

16 날개의 관절을 자른다.

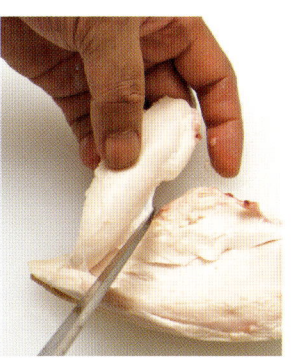

21 가슴살에서 안심을 분리하고, 안심 주변의 얇은 막을 벗겨낸다.

닭 가 슴 살 브 레 제

Suprêmes de volaille braiser 쉬프렘 드 볼라유 브레제

닭을 코프르로 손질해서 사보이양배추와 함께 찐 요리. 가슴살은 빨리 익기 때문에 잘 익지 않는 관
절부분에 칼집을 넣고 어깨뼈를 쿠션처럼 받쳐서, 냄비 바닥에 직접 닿지 않는 상태로 부드럽게 익힌
다. 찔 때는 오븐을 사용하지만 마무리는 남은 열을 이용하여 익힌다.

재료 4인분

가슴살(코프르) 600g

소금, 후추, 식용유 적당량씩

퐁 블랑 드 볼라유(→p.40) 80cc

쥐 드 볼라유(→p.45) 160cc

코냑 60cc

마데이라주 50cc

화이트와인 80cc

사보이양배추 8장

곰보버섯(불린 것) 32개

베이컨(작게 깍둑썰기한 것) 20g

에샬로트(다진 것) 60g

버터 25g

파슬리(다진 것) 적당량

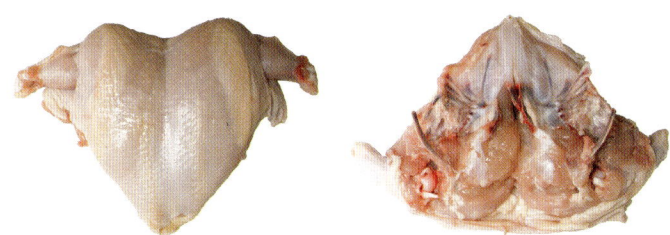

코프르(→ p.24)로 손질한 닭고기를 사용한다. 껍질이 손상되지 않도록 주의해서 안
쪽부터 날개와 이어진 부분의 관절에 칼집을 넣어두면, 구울 때 평평해져서 골고루
익힐 수 있다. 냄비 바닥에 직접 닿지 않도록 어깨뼈를 남겨두는 것이 중요하다.

오른쪽 위부터 퐁 블랑 드 볼라유, 쥐 드 볼라유. 오른쪽 중간부터 곰 보버섯, 사보이양배추. 오른쪽 아래부터 에샬로트, 베이컨.

왼쪽부터 화이트와인, 마데이라주, 코냑.

1 코프르의 껍질쪽과 살쪽에 소금, 후추를 골고루 뿌린다. 손으로 그림자를 만들면 소금을 어느 정도 뿌렸는지 알 수 있다.

2 여기서는 뚜껑이 있는 지름 24㎝ 스타우브냄비(주물냄비)를 사용하였다. 기름을 두르고 목껍질을 당겨서 편 다음, 껍질쪽부터 굽는다.

3 겉면을 익혀서 굳히는 것이 목적이므로, 중간 불~센 불로 조절하여 골고루 노릇노릇하게 굽는다.

4 사진과 같이 껍질쪽이 노릇노릇해지고 날개가 솟아오르기 시작하면 뒤집을 때이다.

5 안쪽은 사진과 같은 정도로 굽는다. 단시간 동안 구워서 꺼낸다.

6 5의 냄비에 눌어붙은 육즙을 이용한다. 버터 10g을 녹이고 베이컨을 넣어 약한 불로 볶아서 베이컨의 기름이 배어나오게 한다.

7 에샬로트를 넣고 소금으로 살짝 간을 한다. 색이 변하지 않도록 부드럽게 볶는다.

8 곰보버섯을 넣고 나무주걱으로 섞어서 따뜻하게 데운다.

9 심을 제거하고 적당한 크기로 자른 사보이양배추를 전체에 깐다.

10 5의 닭을 다시 넣은 다음 향을 내기 위해 코냑을, 단맛을 내기 위해 마데이라주를, 신맛을 더하기 위해 화이트와인을 넣고, 퐁 블랑 드 볼라유와 쥐 드 볼라유를 넣는다.

소스를 완성한다

13 냄비에 남아 있는 국물을 센 불로 조리는데, 중간중간 위로 뜨는 기름과 거품을 걷어낸다.

부위별로 나눈다

16 코프르를 반으로 자른다.

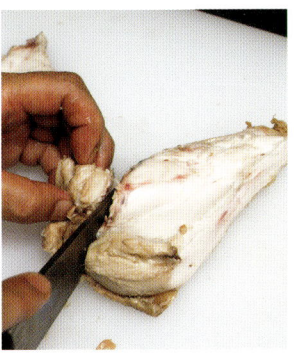

19 가슴살에서 날개를 잘라낸다.

11 뚜껑을 덮고 180℃ 오븐에 넣어서 20분 동안 냄비 전체를 따뜻하게 데운다.

14 국물이 걸쭉해지면 버터 15g을 넣어 녹인다. 젤라틴과 기름이 유화되면 윤기가 돈다.

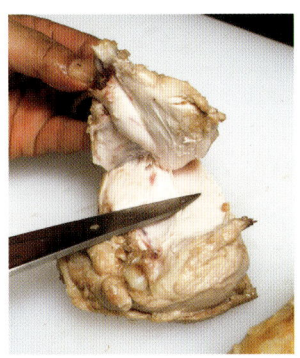

17 뒤집어서 어깨뼈를 잡아당겨 안심과 뼈를 떼어낸다.

20 모양을 다듬어서 자른다.

남은 열로 익힌다

12 닭고기와 양배추를 오븐에서 꺼내 트레이에 옮겨 담고, 비닐랩을 살짝 씌워서 따뜻한 곳에 둔다.

15 잘게 다진 파슬리를 넣어 완성한다.

18 떼어낸 부분에 붙어 있는 안심을 분리한다.

21 사보이양배추 위에 가슴살을 얹고, 완성된 소스를 뿌린다.

닭가슴살 냉채

Poulet bouilli 풀레 부이

___

닭가슴살은 지방이 적기 때문에 오래 가열하면 퍽퍽해지고 감칠맛이 빠져나가는 단점이 있다. 이런
가슴살을 차갑게 먹으려면 가열 후에도 남은 열로 익는데다, 차갑게 식히면서 더 단단해지기 때문에
가열할 때 온도 조절을 잘해야 한다. 단백질은 68℃에서 응고되므로 최대한 온도를 맞춰서 촉촉하게
익힌다. 또한 잘게 찢지 않고 샐러드 등에 사용할 때는 국물에 담가두면 부드럽게 먹을 수 있다.

재료 6인분

닭가슴살 2장(250g×2)

소금 적당량

꾀꼬리버섯 18개(50g)

타라곤 1줄기

콩소메 드 볼라유(→ p.48) 750cc

달걀흰자 1.5개 분량

판젤라틴 8g

곁들이는 재료

⌐ 푸아그라 에스푸마* 적당량

⊦ 식용꽃, 처빌, 타라곤,

　아마란사스(색비름),

⌐ 포트와인 리덕션** 적당량씩

* (사이펀 1개는 12인분) 우유 250cc 를 냄비에 넣고 끓인 다음, 적당한 크기로 자른 오리 푸아그라 테린을 조금씩 넣어가며 핸드블렌더를 사용하여 뵈르 블랑(버터 소스)을 만드는 요령으로 녹인다. 시누아에 얼음 위에 올린 볼에 담은 다음 저으면서 식힌다. 생크림(유지방 35%)과 소금을 적당량 넣고 간을 맞춘다. 다시 걸러서 사이펀(휘핑기)에 담은 다음 가스를 채운다. 냉장고에 반나절 정도 넣어두고 차갑게 식힌 다음 사이펀을 잘 흔들어서 사용한다.

** (약 25인분) 냄비에 레드와인 200cc, 레드 포트와인 100cc를 넣고 양이 1/5 로 줄어들 때까지 졸인다. 산타나(증점제)를 조금씩 넣으면서 거품기로 섞어서 걸쭉하게 만든다. 시누아에 걸러서 보관용기에 담아 냉장보관한다.

가슴살을 손질한다

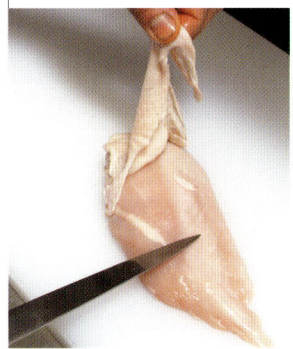

1 가슴살의 힘줄을 제거하고 얇은 막과 껍질을 벗겨낸다. 지방이 있으면 제거한다. 껍질이 있으면 살이 부드럽게 익지만 기름이 뜬다. 깔끔한 맛을 원한다면 지방을 모두 제거해야 한다.

2 날개가 붙어 있던 자리에 관절이 남아 있으면 모두 제거한다. 남아 있는 검붉은 살도 제거한다.

삶는다

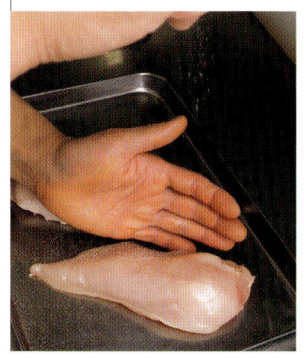

3 육즙이 흘러나오는 것을 줄이기 위해 양면에 살짝 소금을 뿌린다.

4 콩소메를 65℃로 가열한다. 단백질 응고는 68℃부터이므로, 가슴살 중심 온도가 63℃가 되도록 최대한 온도를 맞춰서 가열한다.

5 꾀꼬리버섯과 타라곤을 넣는다. 대신 미르푸아를 사용할 경우 가르니튀르(고명)를 따로 준비한다.

6 65℃로 온도가 다시 올라가면 온도를 유지하면서 20분 동안 가열한다.

7 가슴살과 꾀꼬리버섯, 타라곤을 건져낸다. 가슴살에서 빠진 염분을 보충하기 위해 소금을 뿌린다.

8 수분이 날아가지 않도록 비닐랩을 씌워 상온에서 식힌다.

맑은 국물을 만든다

9 달걀흰자를 거품기로 풀어서 굳지 않도록 미지근한 6의 국물에 붓는다.

12 달걀흰자가 익고 국물이 맑아지면 거른다.

15 14의 국물 700cc와 얼음물에 불린 판젤라틴 8g을 넣고 녹인다.

18 17을 얼음물 위에 올리고 15를 넣어 섞는다.

10 9를 불에 올리고 거품기로 저으면서 데운다.

13 2개의 시누아 사이에 면보자기를 끼우고 국자로 조심스럽게 부어서 거른다.

마무리한다

16 상온에 둔 8의 가슴살을 잘게 찢는다.

19 접시에 담고 푸아그라 에스푸마를 올린 다음 허브로 장식한다. 포트와인 리덕션을 몇 방을 떨어뜨린다.

11 달걀흰자가 굳어지기 시작하면 가운데에 구멍을 낸다. 국물은 냄비 안에서 대류하고 있다.

14 맑게 완성한 국물. 다시 불에 올리고 위로 뜨는 거품을 꼼꼼하게 걷어낸다.

17 꾀꼬리버섯도 식감이 비슷해지도록 같은 크기로 찢어서 넣고, 다진 타라곤을 넣는다.

닭고기 테린

Terrine de volaille 테린 드 볼라유

가슴살과 가슴살 다짐육에 식감이 다른 간과 닭똥집 콩피를 더하여 만든 닭고기 테린. 가슴살 대신 윗날개(봉)를 사용해도 좋다. 테린을 만드는 파르스에 들어가는 고기는 찰기 있게 만들기 위해 미리 차갑게 식혀두어야 한다. 또한 보통 테린을 만들 때는 저장성을 높이고 밑간을 하기 위해 재료를 마리네이드하는데, 여기서는 닭고기의 부드러운 맛을 살리기 위해 요리하기 직전에 소금을 뿌리고, 향미채소도 날것을 사용하여 향을 더했다. 저장성을 높이려면 와인 등을 많이 넣는 것이 좋다.

재료 1kg 용량의 테린틀 1개 분량

파르스
- 닭가슴살 다짐육(지름 8mm) 500g
- 돼지목살 다짐육(지름 5mm) 180g
- 향신료(올스파이스 2g, 카트르 에피스* 1g, 흰 후추 1g)
- 소금 8g
- 피스타치오(굵게 다진 것) 35g
- 화이트 포트와인 20g
- 퐁 블랑 드 볼라유 25g
- 에샬로트(다진 것) 1개
- 마늘(다진 것) 1쪽

속재료
- 닭가슴살 500g
- 닭간 200g
- 닭똥집 콩피(→p.220) 8개

크레핀 적당량

결들이는 재료
- 셀러리악과 트뤼프 샐러드** 적당량
- 레몬크림*** 적당량
- 플래이키 시솔트(뉴질랜드산 천일염) 적당량

* 4종류의 종합 향신료
** (4인분) 셀러리악 180g은 껍질을 벗기고, 성냥개비 크기로 잘라서 소금을 뿌리고 3분 동안 둔다. 블랙 트뤼프 32g도 같은 모양으로 자르고 셀러리악과 섞는다. 레몬즙 5g, 올리브유 20g을 넣어 버무린다.
*** 얼음 위에 올린 볼에 생크림(유지방 35%) 100cc, 소금 1꼬집을 넣고 60% 정도로 거품을 낸다. 레몬즙 5cc를 넣고 다시 80% 정도로 거품을 낸다. 수프 스푼으로 럭비공 모양을 만들어서 접시에 담는다.

테린 재료. 맨 위쪽은 크레핀. 가운데는 왼쪽부터 피스타치오, 화이트 포트와인, 퐁 블랑 드 볼라유, 에샬로트, 카트르 에피스, 올스파이스, 소금, 마늘, 흰 후추. 아래는 왼쪽부터 닭가슴살, 돼지목살 다짐육, 닭가슴살 다짐육, 간, 닭똥집 콩피. 재료는 모두 차갑게 식혀둔다.

파르스를 만든다

1 볼에 닭가슴살 다짐육과 돼지목살 다짐육을 넣고 소금을 넣어 잘 치댄다.

2 사진과 같이 고기가 잘 섞여서 찰기가 생기고, 점점 묵직해져서 실처럼 늘어질 때까지 반죽한다.

3 향신료를 넣고 골고루 섞는다.

6 닭똥집 콩피는 반으로 자른다.

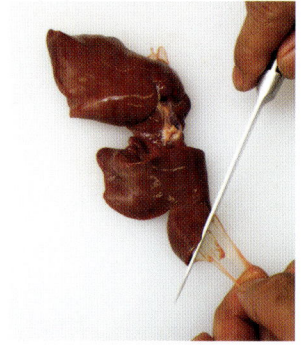

9 간은 주변의 얇은 막을 제거하고 작게 자른다. 연결된 힘줄을 잡아당겨서 다른 쪽의 얇은 막도 제거한다.

10 크레핀은 물로 씻어서 물기를 짜고, 두꺼운 지방은 잘라내거나 얇게 잘라 펼친다. 크레핀으로 모양을 잡아주고 지방을 보충한다.

4 마늘, 에샬로트, 포트와인, 퐁블랑 드 볼라유, 피스타치오를 넣어 잘 섞는다.

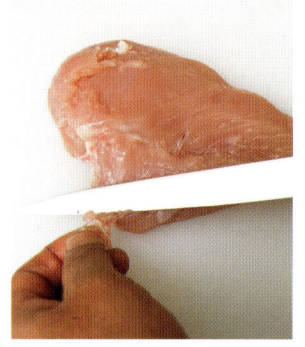

7 가슴살은 껍질을 벗기고 날개가 붙어 있던 부분의 관절 자국을 잘라낸다. 주변의 얇은 막과 고기 사이를 지나는 힘줄도 제거한다.

파르스와 속재료, 크레핀. 간은 생간을 사용하는데, 파르스에 붉은 물이 들지 않도록 소금, 후추를 뿌리고 버터(모두 분량 외)를 두른 프라이팬에 올려 겉면만 익힌다.

11 테린틀에 크레핀을 깐다. 위를 덮을 수 있을 정도로 남겨두고 자른다.

5 사진과 같은 상태가 될 때까지 반죽한다.

8 입안에서 부서지는 듯한 식감을 내기 위해, 결이 끊어지도록 세로로 두께를 맞춰서 자른다.

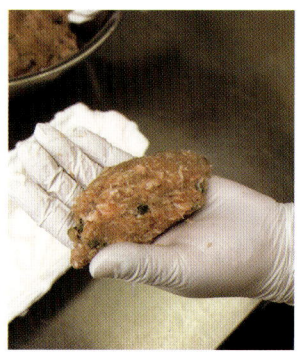

12 5의 파르스를 적당량 덜어서 안의 공기를 뺀 다음, 11의 테린틀 바닥에 얇게 깐다.

13 파르스를 틀 벽에 붙여 속재료가 벽에 직접 닿지 않게 한다. 계속 같은 방법으로 파르스를 틀 벽에 붙인다.

16 간을 올린 옆쪽에 닭똥집을 1줄로 빈틈없이 올린다.

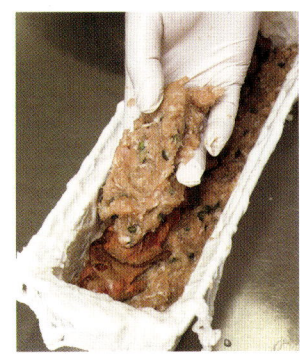

19 파르스를 얇게 올려서 간을 덮는다.

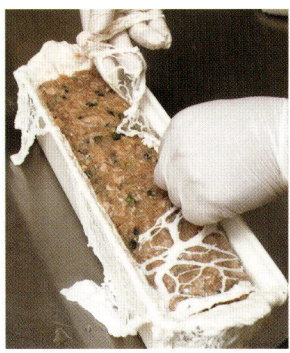

22 크레핀으로 덮는다. 양쪽에서 겹치게 덮는다.

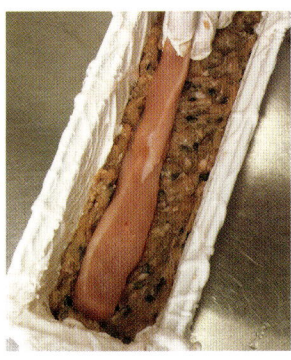

14 가슴살은 1줄로 넣는다. 끝쪽의 가는 부분을 겹치게 놓아서 두께를 조절하여 고르게 익힌다.

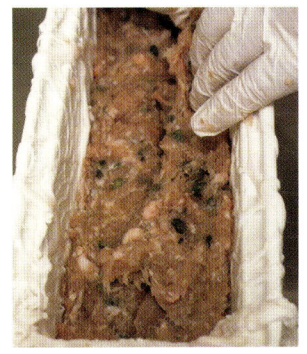

17 닭똥집 위에 파르스를 얇게 올려 덮는다.

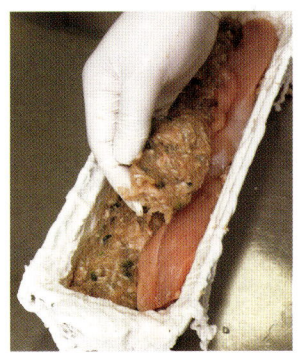

20 가슴살을 1줄로 올리고 파르스를 얇게 올려 덮는다.

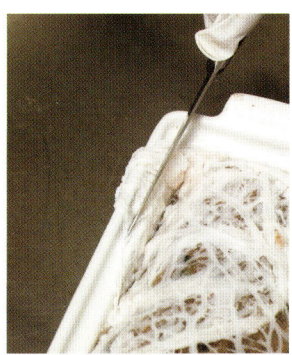

23 칼 등으로 틀 가장자리 사이에 크레핀 끝부분을 끼워 넣는다.

15 가슴살 위에 파르스를 얇게 덮는다. 접착제 역할을 한다.

18 반대쪽에 소테한 간을 같은 두께로 겹쳐서 올린다.

21 반대쪽에도 닭똥집 콩피를 두께를 맞춰서 1줄로 올리고, 빈틈이 생기지 않도록 파르스를 덮는다.

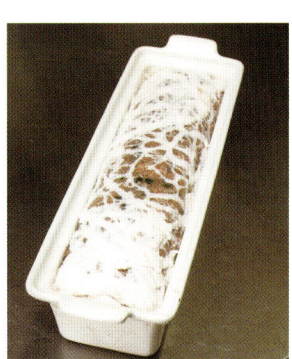

24 크레핀이 너무 길면 잘라내고 부족한 부분은 덧붙여서, 가열할 때 찢어지지 않게 한다. 찢어지면 육즙이 새어나온다.

중탕으로 굽는다

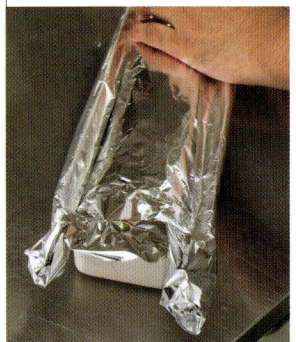

25 빈틈이 생기지 않도록 알루미늄포일을 덮어서 밀착시킨다.

28 1시간이 지나면(60% 정도 익었을 때) 알루미늄포일을 벗긴다. 윗불을 200℃로 올리고 15분 동안 노릇노릇하게 굽는다.

31 기름이 뿌옇게 변하면 1kg 정도의 물건을 위에 올려서 눌러준다. 완전히 식으면 냉장고에 넣고 1주일 동안 맛이 배이게 둔다.

33 틀에서 테린을 꺼내고 잘라서 접시에 담는다. 32의 기름과 육즙을 끓여서 유화시키고, 한 김 식으면 테린에 바른다. 플래이키 시솔트를 뿌리고, 곁들이는 재료와 함께 낸다.

26 트레이에 면보자기를 깔고 테린틀을 올린다. 끓는 물을 붓는다.

29 오븐에서 꺼낸다. 가장자리에 새어나온 육즙이 고기 안으로 흡수되도록 천천히 식힌다.

32 기름과 육즙을 따라낸다.

27 중탕 상태로 윗불과 아랫불을 모두 160℃로 맞춘 오븐에 넣는다.

30 틀 테두리의 투명한 기름이 뿌옇게 변하기 시작한다.

코코뱅

Coq au vin

원래는 육질이 단단한 수탉을 레드와인으로 조린 가정요리이지만, 최근에는 영계로 만드는 경우가 많다. 뼈가 있는 채로 조리기 때문에 살이 수축되는 것을 막을 수 있고, 뼈의 감칠맛이 소스에 우러난다. 곁들이는 크루통을 하트모양으로 자른 것은 조림에 사용하는 레드와인의 산지인 부르고뉴가 프랑스의 중심인 심장의 위치에 있기 때문이라고도 한다.

재료 2인분
다리살(뼈째) 2개(250g×2)
양파(1.5㎝로 깍둑썰기한 것) 60g
당근(1.5㎝로 깍둑썰기한 것) 30g
셀러리(1.5㎝로 깍둑썰기한 것) 30g
마늘(껍질째) 3쪽
양송이 6개
페코로스 4개
베이컨(작은 막대모양으로 썬 것) 30g
소금, 검은 후추, 올리브유
　적당량씩
레드와인(부르고뉴) 1ℓ
퐁 드 보(송아지 육수) 60cc
버터(몽테용) 15g
결들이는 재료
├ 크루통(식빵), 파슬리(다진 것)
└　적당량씩

왼쪽 위부터 베이컨, 양송이, 페코로스, 퐁 드 보(송아지 육수), 레드와인. 왼쪽 아래부터 양파, 당근, 셀러리, 마늘(껍질째 2등분), 다리살(뼈째).

마리네이드 한다

1 다리살은 관절에서 잘라서 나눈다. 넓적다리는 크지만 살이 얇다. 정강이는 두껍지만 살이 작아서 동시에 익는다.

2 깊은 트레이에 다리살을 담고, 깍둑썰기한 양파, 당근, 셀러리, 마늘을 위에 얹는다.

3 레드와인을 붓고 냉장고에 넣어서 반나절 정도 마리네이드한다.

4 다리살을 건져낸다.

5 레드와인을 체에 거른다. 마리네이드한 채소를 조릴 때 사용해도 좋지만, 여기서는 다른 재료를 넣기 때문에 사용하지 않는다.

6 냄비를 약한 불로 가열하고, 올리브유를 조금 둘러서 베이컨을 볶는다. 배어나온 기름으로 양송이와 페코로스를 볶는다.

7 6이 살짝 노릇해지면 건져낸다. 레드와인 조림에는 고소한 향이 어울리기 때문에 굽는 것이 좋다.

8 4의 다리살의 수분을 키친타월로 닦아내고, 소금과 검은 후추를 양쪽 면에 뿌린다. 프리카세(→p.81)보다 적게 뿌린다.

노릇노릇하게 굽는다

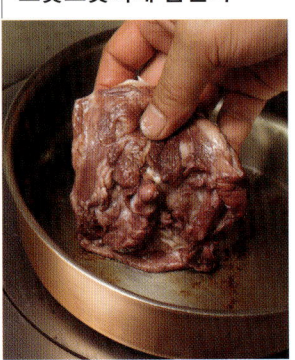

9 7의 냄비에 올리브유를 두르고 달군 다음, 8의 다리살을 껍질쪽부터 굽는다.

10 사진과 같은 정도로 갈색으로 변하면 뒤집는다.

13 조림 국물이 사진과 같이 맑아지도록 거품을 꼼꼼하게 걷어낸다.

16 닭고기에 꼬치를 찔러서 잘 익었는지 확인한다.

19 겉면에 윤기가 돌면 버터를 넣고 거품기로 녹인다.

조린다

11 7의 베이컨과 양송이, 페코로스를 넣고, 체에 거른 5의 레드와인을 부어 중간 불로 끓인다.

14 뚜껑을 덮고 180℃ 오븐에 넣어서 45분 동안 가열한다.

17 깊은 트레이에 옮겨 담고 한 김 식히는 동안 맛이 배게 한다.

20 소스를 윤기 있게 완성한다. 다리살과 결들이는 재료를 담고 소스를 끼얹은 다음, 파슬리를 뿌리고 크루통으로 장식한다.

12 마리네이드한 와인이므로 거품을 꼼꼼히 걷어낸다. 한소끔 끓인 다음 거름종이에 걸러서 사용해도 좋지만 색이 옅어진다.

15 오븐에서 꺼내 약한 불로 조린다. 윤기가 나면 깊은 맛이 나도록 퐁 드 보(송아지 육수)를 넣는다.

소스를 완성한다

18 조림 국물을 작은 냄비에 옮겨 담고, 약한 불로 끓여서 졸인다.

프 리 카 세

Fricassee de volaille
프리카세 드 볼라유

프리카세는 닭고기나 송아지고기, 새끼 양고기 등에 화이트소스를 넣고 끓인 요리이다. 끓이면 고기가 수축하기 때문에 한입크기보다 조금 크게 자르는 것이 좋다. 닭고기와 채소를 모두 가장 좋은 상태로 익히려면, 각각 다른 크기로 자르는 것이 좋다. 가벼운 맛으로 완성하기 위해 밀가루를 고기에 직접 묻히지 않고 채소에 넣어 볶는다.

재료 2인분

다리살(밑손질한 것) 2장(180g×2)
양송이 4개
당근(작게 깍둑썰기한 것) 40g
양파(작게 깍둑썰기한 것) 40g
마늘(다진 것) 1쪽
월계수 1장
버터 10g
강력분 12g
화이트와인 80cc
퐁 블랑 드 볼라유(→p.40) 150cc
생크림 150cc
소금, 흰 후추 적당량씩
올리브유 15cc
파슬리(다진 것) 적당량

구워서 기름을 제거한다

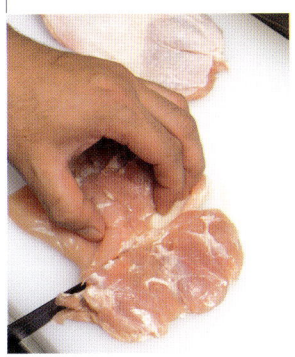

1 다리살은 정강이와 넓적다리로 잘라서 분리한다. 가열하면 살이 수축되므로, 한입크기보다 조금 크게 자른다. 다리살 1장을 6조각으로 자르면 적당하다.

3 프라이팬을 중간 불로 달구고 올리브유를 두른 다음, 다리살을 올려서 껍질쪽부터 굽는다.

프리카세 재료. 왼쪽 트레이 왼쪽 위부터 퐁 블랑 드 볼라유, 화이트와인, 왼쪽 아래는 생크림, 밀가루. 오른쪽 트레이 왼쪽 위부터 버터, 양송이, 월계수 잎, 당근, 마늘, 양파, 다리살 2장(밑손질하여 모양을 정리한 것).

2 잘라서 나눈 다리살. 소금과 후추를 양쪽 면에 뿌려둔다.

4 기름이 배어나오면 타지 않도록 주의해서 뒤집는다.

5 껍질 밑에 있는 기름을 빼는 과 정이므로, 고기까지 익힐 필요는 없 다. 겉면만 천천히 가열하여 하얗게 익힌다.

8 약한 불로 볶으면서 채소의 단 맛이 나오도록 소금을 뿌린다. 강 력분도 넣어서 볶는다.

11 약한 불로 끓여서 다리살을 익 힌다.

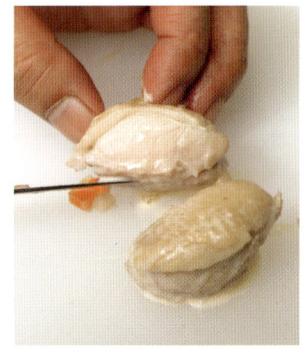

14 잘라보면 자른 면이 부드럽게 부풀어 있고, 다리살이 알맞게 익 은 상태이다. 다리살과 채소가 동시 에 익도록 1의 다리살 크기를 조절 한다. 접시에 담고 잘게 다진 파슬 리를 뿌린다.

6 고기를 꺼낸다.

9 사진과 같은 정도로 부드러워지 면 6의 다리살을 넣는다.

12 사진 정도로 졸아들면 소금으 로 간을 하고 생크림을 넣는다.

조린다

7 기름을 따라내고 버터 10g을 넣어 녹인 다음, 마늘, 양파, 당근, 양송이(4등분)를 넣는다.

10 화이트와인을 둘러 넣고 센 불 로 끓여서 알코올을 날린다. 졸아들 기 시작하면 퐁 블랑 드 볼라유와 월계수 잎을 넣는다.

13 약한 불을 유지한 상태로 한소 끔 끓여서 완성한다.

ITALY

이탈리아요리의
육수와 정통요리

3

브 로 도

Brodo

이탈리아에서는 육수를 '브로도'라고 하는데, 조림요리나 각종 소스 등의 베이스로 여러 가지 요리에 사용된다. 매장(콘비비오)에서는 닭뼈를 사용하여 여러 가지 요리에 활용할 수 있는 브로도를 매일 만들어서 사용하고 있다. 닭뼈와 채소로 감칠맛을 내고 진하지도 않고 얕지도 않게 만들어서 어떤 요리에나 잘 어울리는 육수로, 매장에서 만드는 육수는 이 브로도 1가지이다. 감칠맛을 조절하고 싶을 때는 닭뼈의 분량으로 조절한다. 닭고기 지방과 채소의 부드러운 향이 이 맑은 브로도의 특징이므로, 만든 당일에 모두 사용하는 것이 가장 좋다.

재료 지름 34㎝×높이 22㎝ 낮은 들통냄비 1개 분량

닭뼈 3마리 분량

셀러리 2대

당근 2개

양파 3개

월계수 잎 3장

셀러리는 큼직하게 자른다. 잎도 향이 좋으므로 사용한다. 양파는 2등분하고, 당근은 둥글고 굵게 썬다. 닭뼈는 내장과 검붉은 살 등을 깨끗이 씻어낸다.

1 냄비에 닭뼈를 넣고 냄비의 80% 정도까지 물을 부어서 센 불로 끓인다.

2 끓으면 거품이 올라오기 시작한다.

3 불을 줄이고 거품을 꼼꼼하게 걷어낸다.

4 거품을 걷어낸 다음 채소와 월계수 잎을 넣고 센 불로 좀 더 끓인다.

5 다시 끓어오르면 불을 줄이고 사진처럼 겉면이 조금씩 움직일 정도로 불을 조절한다.(약한 중간 불) 1시간 30분~2시간 정도 끓인다.

6 물의 양이 사진과 같은 정도로 졸아들 때까지 끓인다.

7 브로도를 시누아에 거른다.

8 맛이 변하지 않도록 얼음물 위에 올려서 재빨리 식히고, 만든 당일에 모두 사용한다.

닭고기 디아볼라

Pollo alla diavola 폴로 알라 디아볼라

닭을 1장으로 갈라서 펼친 다음 구운 요리로, 그 모양이 망토를 펼친 악마의 모습을 닮았다고 해서 붙여진 이름이라고도 한다. 토스카나뿐만 아니라 로마 지방의 요리로도 알려져 있는데, 여기서 소개하는 요리는 토스카나에서 요리를 배울 때 만들었던 것으로 닭을 허브로 마리네이드해서 구운 것이다. 후추와 고춧가루, 카옌페퍼 등 매운 향신료를 겉면에 뿌린 다음 문질러서 굽기도 한다.

디아볼라는 프라이팬을 사용하고, 닭고기를 위에서 눌러 평평하게 만든 다음 껍질을 바삭하게 굽는 것이 포인트이다. 바삭한 껍질이 가장 중요하므로 닭고기를 갈라서 펼칠 때 껍질이 찢어지지 않게 주의한다.

재료

닭(1장으로 펼치기→p.28) 1마리(1.3kg)

소금 닭 무게의 1.2%

검은 후추 1큰술

마리네이드액

  ├ 세이지 잎 10장

  ├ 로즈메리 4줄기

  ├ 마늘 1쪽

  └ 올리브유 50g

구운 감자*

* 감자 2개의 껍질을 벗기고 숭덩숭덩 썬다. 끓는 소금물에 넣고 약한 중간 불로 7분 동안 삶은 다음, 건져서 물기를 제거한다. 올리브유를 적당히 두른 프라이팬에 으깬 마늘 1쪽, 로즈메리와 세이지 1줄기씩을 넣고 볶아서 향을 낸 다음 감자를 넣고 버무린다. 180℃ 오븐에서 15분 동안 가열하고 소금으로 간을 한다.

p.28의 순서대로 닭을 1장으로 갈라서 펼친다.

마리네이드한다

1 다리 위쪽 껍질에 칼끝으로 칼집을 낸다.

왼쪽부터 마리네이드액 재료인 세이지 잎, 로즈메리, 마늘(껍질째 으깬다). 닭(1.3kg)은 내장을 제거하여 준비한다. 4인분 정도의 분량이다.

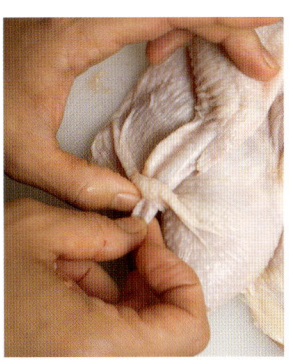

2 닭의 모양을 잡아주고 두께를 고르게 만들어서 잘 구워지도록, 날개 끝부분을 1의 칼집에 끼워 넣는다.

3 반대쪽 날개도 같은 방법으로 끼워 넣는다. 사진처럼 모양을 정리한다.

6 껍질쪽과 살쪽에 모두 소금을 뿌린다. 살이 두꺼운 부분에는 조금 많이 뿌린다.

9 비닐랩을 씌워서 냉장고에 넣고 3시간 동안 마리네이드한다. 굽기 전에 상온에 꺼내둔다.

오븐으로 굽는다

12 보기 좋게 노릇노릇해지면 뒤집는다. 살쪽은 살짝 색이 변하는 정도가 좋다. 껍질이 위를 향하게 트레이에 옮겨 담는다.

4 마리네이드액을 만든다. 세이지 잎, 로즈메리, 마늘, 올리브유를 깊이가 있는 볼에 넣는다.

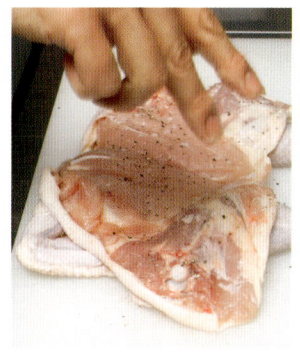

7 굵게 빻은 검은 후추를 양면에 뿌린다.

노릇노릇하게 굽는다

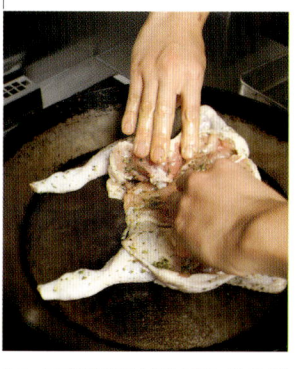

10 프라이팬을 살짝 데운 다음 껍질쪽부터 굽는다. 날개가 빠지지 않도록 주의한다. 허브는 타기 쉬우므로 불을 세게 하지 않는다.

13 180℃ 컨벡션오븐(컨벡션 모드, 습도 0%)에 넣고 20분 동안 굽는다.

5 핸드블렌더로 거칠게 간다.

8 트레이에 옮기고 5의 마리네이드액을 닭 전체에 뿌린 다음 잘 문지른다.

11 평평한 트레이를 닭 위에 올리고 눌러서 살이 수축되는 것을 막는다. 모양을 정리하고 노릇노릇하게 굽는 작업.

14 잘 구워진 닭고기를 구운 감자와 함께 담아낸다.

닭고기 카차토라

Pollo alla cacciatora 폴로 알라 카차토라

'카차토라'는 이탈리아어로 '사냥꾼 스타일'이라는 의미가 있다. 살짝 구워서 끓인 요리로, 사냥꾼이 사냥을 끝낸 다음 잡은 사냥감으로 만드는 요리에서 유래되었다는 이야기가 있다. 지금은 이탈리아 전 지역에서 만드는 요리로 대중화되었지만, 토마토를 넣고 끓인 폴로 알라 카차토라는 원래 토스카나 지방의 향토요리이다. 싱싱한 닭다리살의 촉촉함을 살리기 위해 겉면을 충분히 구워서 육즙이 흘러나오지 않게 한 다음, 한입크기로 잘라서 알맞게 익히는 것이 포인트이다.

이탈리아요리에서는 생선류나 육가공품을 넣어 요리에 감칠맛을 더하는 경우가 많은데, 카차토라에도 안초비를 넣어 닭고기 냄새를 중화시키고 감칠맛을 더했다.

재료 2인분
다리살(껍질째) 1장(150g)
소금 닭고기 무게의 1%
양파(큼직하게 깍둑썰기한 것) 1/3개
올리브유 15g
화이트와인 20g
소프리토* 30g
로즈메리 1줄기
블랙 올리브(씨가 있는 것) 12알
토마토소스** 30g
브로도(→p.84) 100g
안초비 페이스트(→p.96) 5g

* 양파 3개, 당근 1개, 셀러리 2대를 푸드프로세서로 곱게 간다. 편수냄비에 올리브유를 50g 정도 넣고 양파, 당근, 셀러리를 넣은 다음, 수분이 나오고 단맛이 응축되도록 소금을 조금 넣어서 중간 불로 볶아 수분을 날린다. 수분이 날아가면 약한 불로 줄여서 천천히 볶는다. 1시간 30분 정도면 적당하다. 한꺼번에 만들어서 감칠맛을 낼 때 사용한다. 2주 정도 보관할 수 있다.
** 으깬 마늘 1쪽과 올리브유 50g을 넣고 볶아서 향이 나면, 듬성듬성 자른 토마토 4개와 소금 1꼬집을 넣어 20분 동안 약한 중간 불로 끓인다. 블렌더로 곱게 간다.

위부터 블랙 올리브, 소프리토, 양파, 로즈메리, 다리살(껍질째).

위부터 화이트와인, 토마토소스, 브로도.

노릇노릇하게 굽는다

1 다리살은 뼈를 제거하고 연골을 빼낸다. 다리살의 양쪽 면에 소금 (닭고기 무게의 1%)을 뿌린다.

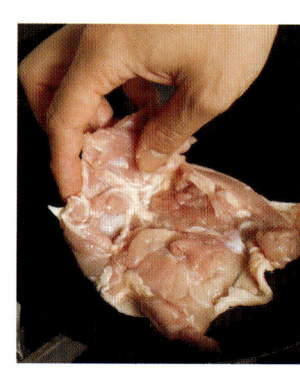

2 올리브유를 두른 프라이팬에 다리살을 껍질이 아래로 가게 올리고, 중간 불로 천천히 구워서 껍질 밑에 있는 기름을 뺀다.

3 다른 냄비에 올리브유를 두르고 양파를 중간 정도의 약한 불로 볶는다. 소금(분량 외)을 넣어서 양파의 수분을 뺀다.

6 다리살을 꺼내서 4㎝ 크기로 깍둑썰기한다.

9 토마토소스와 브로도를 넣고 센 불로 푹 끓인다.

12 국물이 졸아들면 완성. 졸이는 시간은 약 10분 정도. 양파가 덜 익었으면 물이나 브로도를 넣고 좀 더 끓인다.

4 타지 않도록 주의해서 부드럽고 투명해질 때까지 볶는다.

끓인다

7 4의 냄비에 다리살을 넣고 화이트와인을 붓는다. 센 불로 끓여서 알코올을 날린다.

10 닭고기가 살짝 보이는 정도면 된다. 끓으면 중간 불로 줄인 다음, 수분이 졸아들어서 걸쭉하게 유화될 때까지 끓인다.

5 2의 다리살 주변이 하얗게 변하고 껍질이 옅은 갈색으로 변하면, 뒤집어서 살쪽을 살짝 굽는다.

8 로즈메리, 소프리토, 블랙 올리브를 넣는다.

11 중간에 안초비 페이스트를 넣어서 닭고기 냄새를 중화시킨다.

치킨 커틀릿

Cotoletta di pollo 코톨레타 디 폴로

닭가슴살로 만든 치킨 커틀릿. '씹는 것(Masticare)'을 중요하게 생각하는 이탈리아에서는 씹는 느낌을 살리는 데 중점을 두고 요리한다. 송아지 커틀릿과 마찬가지로 가슴살도 얇게 두드려 편 다음 치즈의 풍미를 더한 달걀물을 입히고, 고운 빵가루를 골고루 묻혀서 소량의 기름으로 바삭하게 튀긴다. 고기를 두드려서 얇게 펴기 때문에 그에 맞게 빵가루도 말린 포카치아를 곱게 부셔서 준비한다. 커틀릿에는 토마토와 루콜라를 곁들이는 것이 정석이다.

재료

가슴살 70g
중력분 적당량
달걀 1개
소금 3꼬집
그라나파다노치즈(굵게 간 것) 2큰술
빵가루* 적당량
식용유** 적당량
토마토, 루콜라 적당량씩

* 포카치아를 말린 다음 푸드프로세서로 곱게 갈아서 사용한다.(오른쪽 사진)
** 올리브유와 해바라기유를 같은 비율로 섞어서 사용한다. 올리브유만으로 튀기면 맛이 너무 진해져서 쉽게 질릴 수 있는데, 해바라기유를 섞으면 맛이 부드러워지고 원가도 낮출 수 있다.

닭가슴살은 결이 달라지는 부분에
서 자른다.

튀김옷을 입힌다

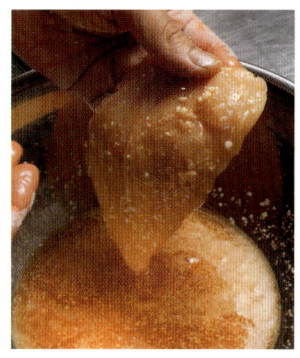

1 껍질을 벗기고 결이 달라지는
부분에서 자른 가슴살을 얇게 갈라
서 펼친다.

4 소금과 그라나파다노치즈를 섞
은 달걀물에 담갔다 뺀다.

7 가장자리가 갈색으로 변하기 시
작하면 뒤집는다.

달걀물에 소금과 굵게 간 그라나파
다노치즈를 넣는다.

2 가장자리부터 고기망치로 두드
려서 전체적으로 얇게 편다. 얇게
자르는 것보다 두드리는 쪽이 탄력
이 더 좋다.

5 빵가루를 손으로 눌러서 떨어지
지 않게 잘 묻힌다.

8 전체적으로 노릇노릇해진 모습.
천천히 제대로 익혀서 씹는 느낌을
즐길 수 있게 튀긴다.

3 중력분을 얇게 묻힌다.

튀긴다

6 프라이팬에 식용유를 2㎝ 정도
붓고 불에 올린다. 160~170℃로
가열하여 5의 가슴살을 넣는다.

9 건져서 기름기를 제거한다. 접
시에 담고 깍둑썰기한 토마토와 루
콜라를 위에 올린다.

닭고기 볼리토

Bollito 볼리토

'볼리토'에는 '삶는다'는 의미가 있다. 그래서 '볼리토'라는 이름이 붙은 요리는 여러 가지가 있으며, 닭요리만 있는 것은 아니다. 고기요리 중에는 소고기나 돼지고기 등 여러 가지 고기를 조금씩 넣고 만든 이탈리아 북부의 '볼리토 미스토(Bollito misto)'라는 요리가 잘 알려져 있다. 여기에서는 뼈에서 살이 쉽게 떨어질 정도로 부드럽게 오래 끓인 닭과 큼지막하게 자른 채소를 하룻밤 재워서 맛이 배이게 만든 요리를 소개한다. 신맛과 감칠맛이 있는 토마토가 요리 전체의 맛을 잡아준다.

재료 4인분
닭(내장 제거) 1마리(1.3kg)
소금 닭 무게의 1.2%
양파(큰 것) 1개
셀러리 1.5대
당근 1개
토마토 1개
월계수 잎 조금
검은 통후추 5~6알
물 3ℓ

닭은 목을 잘라낸다. 털이 남아 있으면 제거하고 전체적으로 소금을 듬뿍 뿌린다. 셀러리는 5~6㎝ 길이로 자른다. 당근은 세로로 4~6등분하고 다시 2등분한다. 양파는 가로로 2등분한 다음 반달모양으로 자른다. 토마토는 2등분한다.

1 닭은 겉면에 소금을 골고루 듬뿍 뿌려서 문지른다.

3 물 3ℓ를 붓고 검은 후추를 넣어 중간 불로 끓인다.

5 중간에 닭을 뒤집는다.

2 냄비에 닭, 셀러리, 당근, 양파, 월계수 잎, 토마토를 넣는다.

4 끓기 시작하면 거품을 걷어내고 1시간 정도 끓인다. 국물이 졸아들 때까지 계속 끓인다.

6 다 끓으면 다리살과 가슴살을 잘라서 다시 국물에 넣고, 맛이 배이게 하룻밤 정도 둔다. 따뜻하게 데워서 제공한다.

닭간 파테

Paté di fegato 파테 디 페가토

닭간으로 만드는 인기 있는 요리로, 빵에 바르는 스프레드로 사용하거나 전채요리에 사용하는 등 활용도가 높다. 다양하게 활용하기 위해서는 특유의 냄새를 제거해야 하므로, 밑손질할 때 우유에 담가서 냄새를 줄이고 볶을 때는 케이퍼와 안초비를 넣어서 냄새를 중화시켰다. 또 브랜디로 향을 더하고 생크림과 버터 등의 유제품을 넣어 부드럽게 완성하였다. 닭간을 충분히 가열하여 공기를 뺀 다음 냉장고에 넣으면 3일 정도 보관할 수 있지만, 향이 날아가므로 가능하면 빨리 사용하는 것이 좋다.

재료 30인분
닭간(밑손질한 것) 500g
우유 적당량
올리브유 30g
소금 1작은술
소프리토(→ p.90) 30g
안초비 페이스트* 1큰술
케이퍼 1큰술
화이트와인 80g
브랜디 80g
버터 100g
곁들이는 재료
┌ 빵, 무화과, 이탈리안 파슬리
└   적당량씩

왼쪽부터 닭간, 버터(무염), 소프리토, 안초비 페이스트, 케이퍼. 지방이 있는 흰색 간을 사용하는 경우도 있는데, 버터로 지방을 보충하기 때문에 보통의 간이면 된다.

밑손질을 한다

1 닭간은 지방이나 두꺼운 혈관 등을 제거한다.

3 다음날 우유를 따라내고 흐르는 물에 씻는다. 남아 있는 지방과 두꺼운 혈관, 힘줄 등을 제거하고 물기를 뺀다.

* 안초비 페이스트. 통조림 안초비를 푸드프로세서로 갈아서 페이스트 상태로 만든 것.

2 우유에 담가서 냉장고에 하룻밤 넣어두어 잡내를 없앤다.

볶는다

4 프라이팬에 올리브유를 두르고 3의 간을 넣어 중간 불로 볶는다.

5 소금을 넣어 밑간을 하고, 익어서 전체가 단단해질 때까지 잘 볶는다.

8 수분이 거의 없어질 때까지 조린다.

11 상온에 두어 부드럽게 만든 버터를 으깬다.

14 비닐랩으로 말고 양쪽 가장자리를 비틀어서 공기를 뺀다. 공기가 들어가면 꼬치로 찔러서 공기를 빼낸다.

6 소프리토, 안초비 페이스트, 케이퍼를 넣고 다시 볶는다.

푸드프로세서로 간다

9 8을 푸드프로세서로 갈아서 크림상태로 만든다.

12 으깬 버터에 10을 넣고 잘 섞어서 사진과 같은 상태로 만든다.

15 양끝을 단단히 묶는다. 향이 날아가므로 되도록 빨리 사용한다.

7 향과 감칠맛을 내기 위해 화이트와인과 브랜디를 넣고, 간이 속까지 잘 익도록 나무주걱으로 으깨면서 익힌다.

10 푸드프로세서에서 꺼낸 다음 체에 내려 부드럽게 만든다.

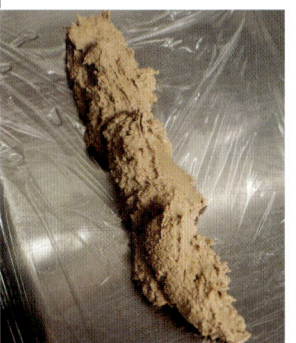

모양을 만든다

13 비닐랩을 넓게 펴고 12를 막대모양으로 길게 올린다.

16 빵을 얇게 자르고 둥글게 자른 파테를 올려 접시에 담는다. 반달모양으로 자른 무화과와 이탈리안 파슬리를 곁들여서 전채요리로 제공한다.

JAPAN

일본요리의
육수와 정통요리

4

도리다시

鶏だし

주로 조림요리나 국물요리, 냄비요리 등의 베이스가 되는 일본식 닭육수. 닭뼈와 가쓰오부시를 넣어서 일본요리에 어울리도록 깊은 맛을 냈다. 용도에 따라 가쓰오부시 육수나 물을 넣어서 사용할 수 있도록 감칠맛을 충분히 우려냈다.

재료 지름 31㎝ 낮은 들통냄비 1개 분량

닭뼈* 2마리 분량

다시마 15㎝×5장

가쓰오부시 80g

당근 1개

셀러리 1대

양파 1개

생강 1개

물 5ℓ

청주 1ℓ

* 일본 시코쿠 남부에 위치한 고치현축산시험장에서 2005년에 개발한 식육용 닭품종인 '도사하치킨지도리[土佐はちきん地鶏]'의 뼈를 사용하였다.

뼈에서 지방, 검붉은 살, 콩팥 등을 제거한다.

가쓰오부시는 면보자기에 싸둔다. 다시마는 15㎝ 길이로 자르고, 생강은 껍질째 슬라이스한다. 당근은 세로로 2등분하고, 양파도 2등분한다.

뼈를 손질한다

1 끓는 물에 뼈를 넣고 가장자리가 하얗게 변하면 건져내서 찬물에 담가둔다.

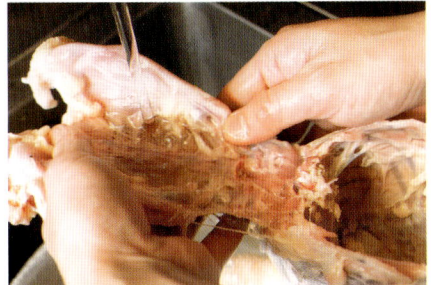

2 등뼈를 갈라서 분리하고, 남아 있는 지방과 콩팥을 물로 깨끗이 씻어낸다.

도리다시를 만든다

3 냄비에 닭뼈를 넣고, 물, 청주, 채소류, 다시마를 넣은 다음 센 불로 끓인다.

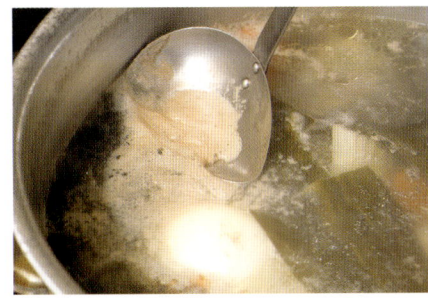

4 끓으면 약한 불로 줄이고 거품을 꼼꼼히 걷어낸다.

5 면보자기에 싼 가쓰오부시를 넣고 약한 불로 2시간 동안 끓인다. 맑은 육수를 우려내기 위해 센 불로 끓이지 않는다.

6 면보자기를 대고 육수를 부어서 거른다.

7 도리다시 완성. 완성된 양은 약 2~2.5ℓ.

다리살과 대파(네기마)

닭가슴살과 꽈리고추 버터구이

윗날개(가시와)

닭 꼬 치

焼鳥 야키도리

부위에 따라 달라지는 닭고기의 맛을 제대로 즐길 수 있는 닭꼬치(야키도리)는 일본의 대표적인 닭요리이다. 야키도리는 소금이나 양념으로 맛을 내는 것이 일반적이지만, 부위별로 어울리는 맛은 먹는 사람이나 굽는 사람의 취향에 따라 다르므로 원하는 것을 선택한다. 닭꼬치를 맛있게 굽기 위해서는 고기를 선택하고 자르는 방법도 중요하지만, 직화로 굽기 때문에 꼬치를 꽂는 방법도 중요하다. 석쇠 등 사용하는 도구에 따라 다르지만 일반적으로 불이 잘 닿지 않는 아래쪽에는 작은 조각을 꽂고, 위로 올라갈수록 큰 조각을 꽂아서 위로 퍼지는 모양으로 만든다. 고기가 수축되는 방향과 부위를 고려해서, 끝까지 보기 좋은 모양을 유지하도록 꽂으면 골고루 잘 익는다. 여기서는 일본 고치현에서 개발한 식육용 닭인 '도사하치킨지도리(土佐はちきん地鶏)'를 사용하여, 숯불에 굽는 꼬치를 준비하였다.(굽는 방법 생략)

다리살과 대파(네기마)

다리살 1장으로 10개의 꼬치를 만든다. 근육에 따라 수축되는 정도가 다르므로 근육을 여러 개로 잘라서 나누고 소리레스 등 각 부위를 골고루 조합한 다음, 대파를 사이에 꽂고 잘 익도록 위로 퍼지는 모양으로 만든다. 이 꼬치에는 소금으로 간을 하는 것이 좋다.

밑에서 위까지 최대한 두께를 맞춰서 꽂는다. 꼬치 1개가 38g.

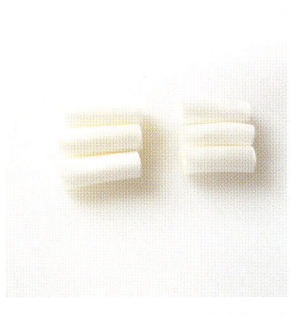

1 대파를 준비한다. 겉껍질을 1장 벗긴 다음 4~5cm 길이로 맞춰서 자른다.

3 정강이살은 껍질을 벗기고 2와 같은 방법으로 근육별로 1줄씩 자른 다음 얇은 껍질을 제거한다.

2 소리레스를 잘라낸다. 껍질을 남기고 넓적다리살을 근육별로 1줄씩 자른다.

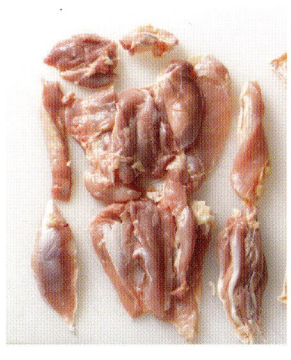

4 근육별로 잘라서 나눈 다리살. 넓적다리살은 비교적 덜 수축된다.

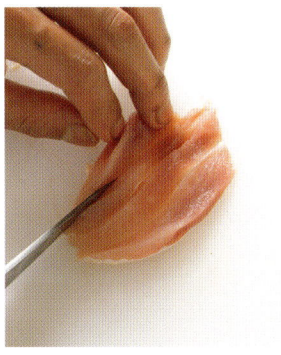

5 정강이살은 두께를 맞추기 위해 칼집을 넣고 좌우로 갈라서 펼친다.

7 작은 조각→4cm 대파→중간 조각→5cm 대파→큰 조각 순서로 꽂는다.

6 꼬치에 꽂는 순서대로 나열하였다. 가장 아래는 조금 수축되는 부위를 작게 자른 조각을 꽂고, 가운데는 수축되면 꼬치의 모양이 보기 좋지 않으므로 수축되지 않는 부위를 중간 크기로 자른 조각을 꽂는다. 가장 위에는 조금 수축되는 부위를 크게 자른 조각을 꽂는다.

가시와(윗날개)

윗날개(봉) 3개로 2개의 꼬치를 만들 수 있다. 날개는 활동량이 많은 부위이므로 감칠맛이 있고 식감도 좋다. 날개의 맛을 살리기 위해 껍질을 제거하지 않고 요리한다. 껍질 밑에 있는 지방을 이용하여 껍질을 바삭하게 굽고, 살에 깊은 맛과 고소한 향을 더한다.

날개. 여기서는 중간날개와 아랫날개(윙)를 잘라낸 윗날개(봉)를 사용한다.

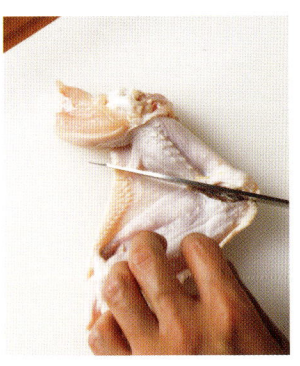

1 날개에서 중간날개와 아랫날개(윙)를 잘라낸다.

4 살이 두꺼운 부위는 칼로 잘라 펼쳐서 두께를 조절한다.

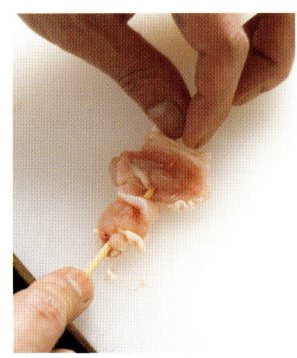

7 중간 크기의 고기를 꽂는다.

2 윗날개(봉)의 뼈를 따라 칼을 수평으로 넣고 잘라서 살을 발라낸다.

5 대, 중, 소로 잘라서 나눈다.

8 맨 위에 크게 자른 고기를 꽂고 꼬치 모양을 정리한다. 1개당 45g.

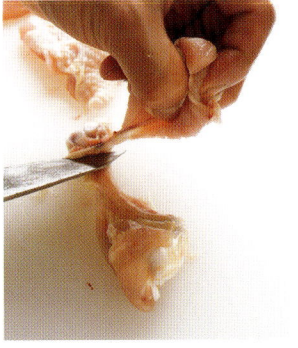

3 뒤집어서 반대쪽도 같은 방법으로 살을 발라낸다.

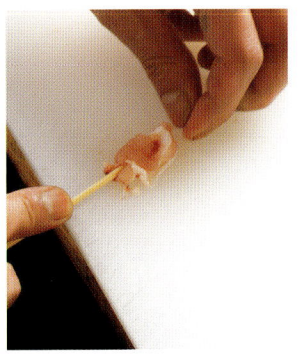

6 작게 자른 고기를 먼저 꽂는다.

닭가슴살과 꽈리고추 버터구이

가슴살은 지방이 적기 때문에 작게 자른 껍질을 사이에 꽂아서 보충한다. 석쇠에 올릴 때 고기가 양옆으로 처지지 않게 꽂는 것이 중요하다. 이 꼬치는 소금으로 간을 하는 것이 좋다. 마무리로 녹인 버터를 바르고 검은 후추를 뿌린다.

잘못 꽂은 예. 꼬치를 제대로 꽂지 않아서 고기가 밑으로 처지면 처진 부분이 먼저 탄다.

1 가슴살은 결이 두 방향으로 나뉘므로, 결이 달라지는 부분에서 잘라서 분리한다.

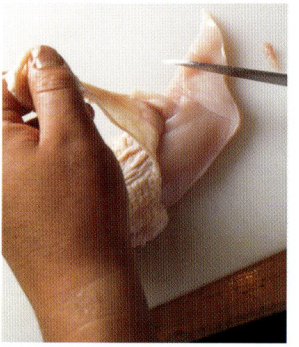

2 크기가 큰 가슴살의 가는 부분부터 껍질을 벗긴다.

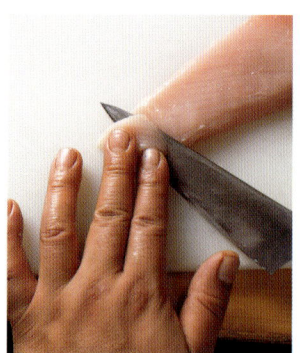

3 모양을 정리하고 살을 저민다.

4 대, 중, 소로 크기가 다르게 자르는데, 두께는 모두 비슷하게 조절해야 한다. 사이에 끼울 껍질은 작게 자른다.

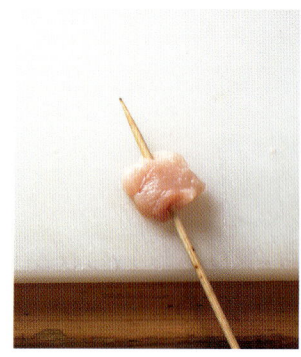

5 먼저 작은 조각을 꽂는다. 두께가 1/2 정도 되는 부분에 꽂는다.

6 다음은 껍질 → 꽈리고추 → 껍질 → 가슴살(중) → 껍질 → 꽈리고추 → 껍질 → 가슴살(대) 순서로 꽂는다. 크게 자른 가슴살은 결을 따라 꽂는다.

닭똥집

닭똥집은 식감을 살리기 위해 하얀 껍질을 일부 남겨두고, 얇은 부분이 겹치게 꼬치에 꽂아서 두께를 맞춰야 골고루 잘 익는다. 이 꼬치는 소금으로 간을 하는 것이 좋다.

닭똥집은 세로로 얇게 칼집을 내서 좌우로 펼치고 속에 남아 있는 먹이 등을 제거한다. 밖(왼쪽)과 안(오른쪽). 바깥쪽의 하얀 껍질을 일본에서는 '긴피(은색 껍질)'라고 부른다.

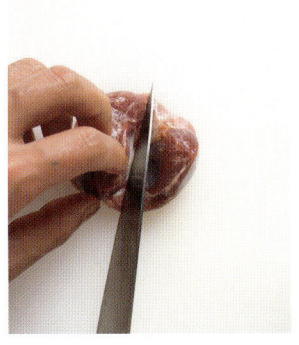

1 펼쳐놓은 닭똥집을 2등분한다.

4 꼬치 모양이 안정되도록 속껍질 쪽에 꽂는다.

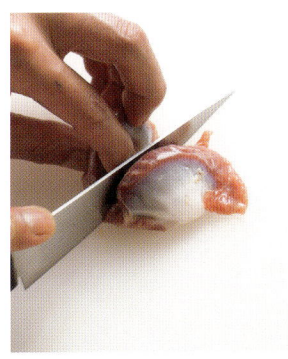

2 1을 다시 반으로 자른다.

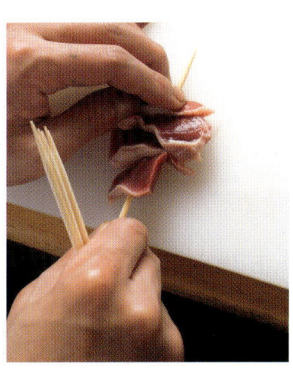

5 얇은 부분에 두꺼운 살을 겹쳐서 두께를 고르게 맞춘다.

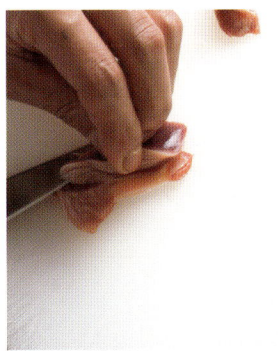

3 하얀 껍질을 긁어낸다. 다른 쪽의 하얀 껍질도 긁어서 벗긴다. 안쪽의 속껍질은 남겨둔다.

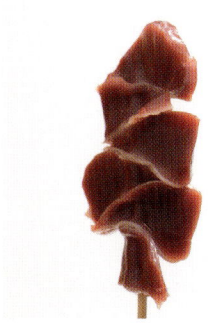

6 빈틈이 없고 두께가 고르게 꼬치에 꽂는다.

닭똥집

대동맥(하쓰모토)

간(기모·레바)

염통(하쓰)

간(기모·레바)

연결되어 있는 간과 염통을 잘라서 2종류의 꼬치를 만든다. 간 꼬치 위쪽에 염통을 1조각 꽂아도 좋다. 또한 간은 부드럽고 살이 부서지기 쉬워서 납작한 꼬치를 사용해야 안정적이다. 이 꼬치는 양념장으로 간을 하는 것이 좋다.

양념장

맛술 12.6ℓ를 약한 불로 끓인다. 여기에 고이구치 간장 10.8ℓ를 넣어 졸인다. 약 13ℓ 정도가 되면 불을 끄고 자라메 설탕(굵은 설탕) 1㎏을 녹인다. 양이 줄어들면 남은 양념장에 재료를 더 넣고 끓여서 사용한다.

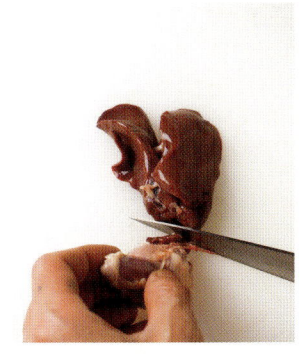

1 염통을 잘라내고 간을 대엽과 소엽으로 잘라서 분리한다.

4 작은 조각부터 꽂고, 중→대 순서로 점점 퍼지는 모양으로 꽂는다.

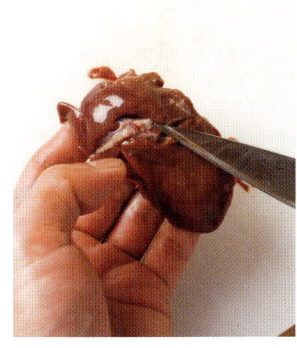

2 대엽 뒤쪽에 남아 있는 힘줄, 혈관, 얇은 막을 잘라낸다.

5 제공할 때 위로 오는 면이 윤기 있어 보이도록 동그랗게 꽂는다.

3 간을 대, 중, 소로 자른다.

6 서로 겹치게 꽂아서 두께를 고르게 만든다. 1개가 40g.

염통(하쓰)

간에서 잘라낸 염통은 속에 핏덩어리가 남아 있기 때문에 꼼꼼히 제거한다. 염통에 붙어 있는 대동맥도 식감이 좋아서 꼬치구이로 인기가 많으며, '하쓰모토'라고 부른다. 이 꼬치는 소금으로 간을 하는 것이 좋다.

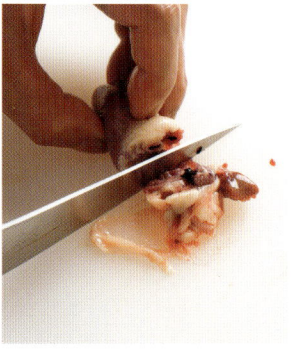

1 염통 주변의 얇은 막을 벗기고 대동맥(하쓰모토)을 잘라낸다.

2 반으로 갈라서 펼치고, 속에 남아 있는 핏덩어리를 칼끝으로 긁어낸다.

3 작은 것부터 꽂는다. 대동맥이 붙어 있던 부분에 꼬치를 꽂는다.

4 6조각(3개 분량)을 꽂는다.

대동맥(하쓰모토)

식감이 매력적인 대동맥. 얇은 막을 꼬치에 감으면서 간과 염통을 연결하는 대동맥에 꼬치를 꽂는다. 꼬치 1개에 8조각의 대동맥을 사용한다. 마지막에 녹인 버터를 바르고 파와 미소로 만든 양념장을 올린다.

양념장(네기미소) 만드는 방법

센다이 미소 750g, 볶은 참깨 180g, 청주 180cc, 현미 식초 180cc, 마늘 간 것 1톨 분량, 설탕 10작은술, 고춧가루 1작은술을 잘 섞어서 보관해둔다. 구운 꼬치에 섞어둔 양념장을 올리고, 그 위에 잘게 다진 대파를 올린다.

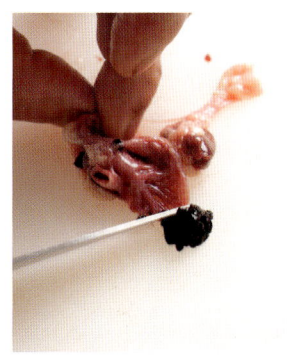

1 끝부분에 붙어 있는 핏덩어리를 칼끝으로 잘라낸다.

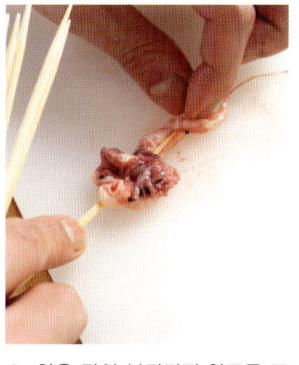

4 얇은 막이 분리되지 않도록 꼬치에 감으면서 꽂는다.

2 손질한 모습.

3 먼저 두꺼운 관에 꼬치를 찔러 넣는다.

마쓰카제

松風

닭고기 다짐육으로 만드는 일본요리로, 오래 전부터 도시락이나 명절에 먹는 음식으로 전해온 것이다. 여기서는 닭고기 다짐육의 반은 술을 넣고 조려서, 부드러운 반죽에 들어 있는 닭고기의 식감을 즐길 수 있다. 고소하게 튀긴 견과류와 건포도 등을 넣어 씹는 맛을 더한 마쓰카제를 소개한다.

재료 19㎝ 사각틀 1개 분량
반죽
─ 가슴살 다짐육(2번 다진 것)
　　500g
─ 청주 150cc
─ 달걀(달걀 1개+달걀노른자 1개
　　분량)
─ 전분가루 50g
─ 달걀물(달걀노른자 1개 분량+식
　　용유 50cc)
양념
─ 고이구치 간장 25cc
─ 다마리 간장 25cc
─ 설탕 18g
속재료
─ 건포도 100g
─ 럼주 100cc
─ 생호두(껍질 제거) 100g
─ 생캐슈넛 100g
─ 식용유 적당량
양귀비씨 적당량

앞 왼쪽부터 가슴살 다짐육(2번 다
져서 부드럽게 만든 것)과 전분가루.
가운데 왼쪽부터 생호두, 달걀(달걀
+달걀노른자), 생캐슈넛. 뒤 왼쪽부
터 건포도, 설탕, 간장(고이구치 간
장+다마리 간장), 달걀물. 달걀물은
마요네즈를 만들 때처럼 달걀을 풀
고 식용유를 조금씩 넣으면서 거품
기로 섞어서 만든다.

속재료를 준비한다

1　냄비에 건포도와 럼주를 넣고
센 불에 올려서 알코올을 날린다.
약한 불로 줄여서 조린다.

2　식용유를 150℃로 가열한 다음
껍질을 벗긴 호두를 넣고 옅은 갈색
으로 변할 때까지 튀긴다. 캐슈넛도
같은 방법으로 튀긴다.

3　사진과 같이 고소한 느낌이 들
게 튀긴다.

4　호두와 캐슈넛을 푸드프로세서
에 넣고 갈아서 사진과 같은 상태
로 만든다.

반죽을 준비한다

5　냄비에 가슴살 다짐육 분량의
1/2과 청주를 넣고, 젓가락으로 잘
섞어서 조린다. 식감이 좋아질 뿐
아니라 지방을 제거할 수 있고, 찔
때도 시간이 단축된다.

6　익으면 체에 밭쳐 물기를 제거
하고 식힌다. 여기서 충분히 식히지
않으면 빨리 상한다.

7　볼에 익히지 않은 다짐육과 6의
다짐육, 달걀, 달걀물을 넣는다.

8　잘 섞은 다음 전분가루를 넣고
다시 골고루 섞는다.

9 남은 양념을 넣고 잘 섞는다.

11 틀에 부어 평평하게 만든 다음, 밑으로 살짝 떨어트려서 속에 있는 공기를 뺀다.

14 완성. 식으면 가장자리에 칼을 넣어 분리한다.

17 양귀비씨 색깔이 살짝 노릇노릇해질 때까지 살라만더로 굽는다. 네모나게 잘라서 접시에 담는다.

10 부드럽게 불린 건포도와 다진 견과류를 넣고 잘 섞는다.

12 빈틈이 생기지 않게 쿠킹시트를 깔고, 다른 틀을 위에 올려 눌러준다. 힘이 고르게 가해지도록 사진처럼 고무줄 등으로 몇 군데를 묶어놓는다.

15 필요한 너비로 잘라서 뒤집은 다음, 맛술(분량 외)을 바른다.

13 찜기에 넣고 중간 불로 30분 동안 찐다.

16 맛술을 바른 면에 양귀비씨를 골고루 듬뿍 뿌린다.

가 라 아 게

唐揚げ

전분가루만 묻혀서 바삭하게 튀긴 닭다리살은 반찬이나 맥주 안주로 안성맞춤이다. 널리 사랑받는 닭 요리로 일본에는 전문점이 있을 정도로 인기가 많다. 다리살을 한 번 튀긴 다음 남은 열로 익히고, 두 번째는 고온에서 바삭하게 튀겨서 속에는 육즙이 살아 있고 겉은 바삭하게 완성한다.

재료

다리살 370g
밑간양념
- 청주 30cc
- 우스구치 간장 10cc
- 소금 1g
- 흰 후추 조금
- 생강 간 것 5g
- 양파 또는 마늘 간 것 15g
- 달걀 1개
전분가루 적당량
식용유 적당량
꽈리고추 5개
레몬 1조각

다리살을 잘라서 분리한다

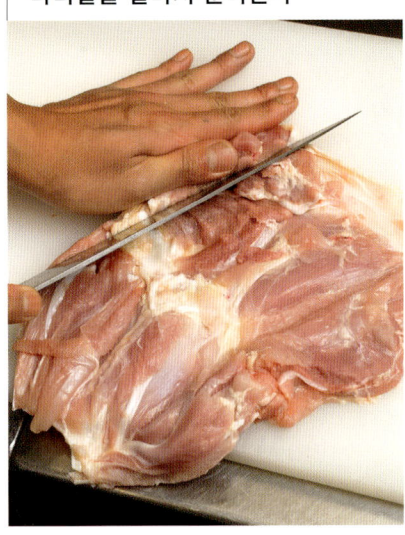

1 다리살은 두툼한 부분을 갈라 펼쳐서 두께를 고르게 조절해야 단시간에 골고루 익는다.

3 가능하면 결을 길게 살려서 1조각이 25g 정도가 되도록 자른다. 1장의 다리살을 잘라서 나눈 모습.

2 넓적다리살과 정강이살을 잘라서 분리하고, 관절 자리에 남아 있는 연골과 껍질, 지방 등을 잘라낸다.

밑간을 한다

4 다리살을 볼에 담고 밑간양념을 넣어 잘 섞는다.

5 그대로 30분 동안 재운 다음 체에 밭쳐 물기를 제거한다.

6 다리살을 볼에 옮겨 담고 전분가루 20g을 넣어 주무른다.

튀긴다

7 1번 사용해서 닭고기의 감칠맛과 향이 배어 있는 식용유와 새로운 식용유를 같은 비율로 섞어서 가열한다.

8 전분가루를 다리살 위에 올리듯이 묻힌다.

9 170℃로 가열한 7의 기름에 넣는다.

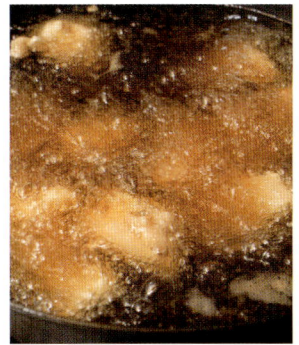

10 3분 정도 지나서 위로 떠오르기 시작하면 건져서 기름기를 뺀다.

11 이 단계에서는 아직 튀김옷이 하얗다. 기름기를 충분히 뺀다.

12 속은 아직 핑크색이 남아 있을 정도로 튀긴다. 1분 정도 남은 열로 익힌다. 튀김 부스러기는 깨끗이 걷어낸다.

두 번째 튀긴다

13 10의 기름을 180℃ 이상으로 가열한 다음 다리살을 다시 넣는다. 다리 껍질과 겉면이 바삭해지게 튀긴다.

14 1분 30초 정도 지나서 거품이 잦아들면 건져내서 기름기를 뺀다. 같은 기름에 꽈리고추를 그대로 튀겨서 레몬과 함께 곁들인다.

도 리 텐

鶏天

닭고기에 튀김옷을 입혀서 튀기는 닭튀김. 최근 오이타현의 향토요리로 널리 알려지게 되었다. 폭신하고 부드럽게 완성하기 위해 안심을 사용했지만, 다리살이나 가슴살로 만들면 또 다른 맛을 즐길 수 있다. 고기는 부드럽고 튀김옷은 탄산수로 바삭하게 완성하여 대비되는 식감을 즐길 수 있다.

재료 2인분
안심 3개
밑간양념
┌ 청주 50cc
├ 고이구치 간장 50cc
└ 생강즙, 생강 간 것 적당량씩
박력분 적당량
튀김옷
┌ 박력분 100g
├ 탄산수 100g
└ 물 적당량
식용유 적당량

안심. 다리살이나 가슴살을 사용할 경우에는 불의 세기를 달리한다.

찍어 먹는 간장과 소금. 왼쪽부터 트뤼프 소금, 고이구치 간장 + 겨자, 튀김간장 + 무 간 것 + 생강 간 것. 취향에 따라 선택할 수 있다.

안심을 손질한다

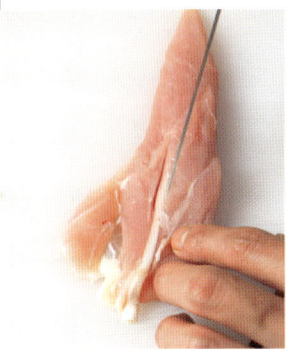

1 안심에는 굵은 힘줄이 있기 때문에, 힘줄을 제거하기 위해 힘줄을 따라 따라 칼집을 넣어 겉으로 빼낸다.

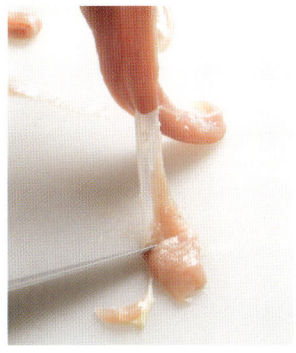

4 끝부분에 남아 있는 가슴살과 안심의 얇은 막을 제거한다.

2 힘줄의 시작 부분을 자른다.

5 밑간양념에 안심을 재운다.

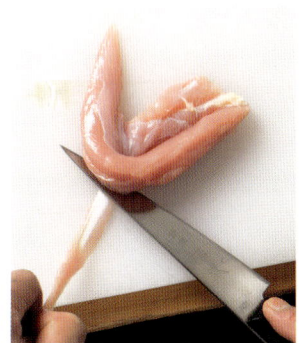

3 손으로 힘줄을 잡아당기고 칼로 안심을 밀어서 벗겨낸다. 가는 힘줄이나 막도 제거한다.

튀긴다

6 튀김옷을 만든다. 박력분에 탄산수를 넣은 다음, 적당량의 물로 농도를 조절하고 살짝 섞는다.

9 새 기름을 160℃로 가열하고, 먼저 두꺼운 부분을 넣어서 몇 번 흔들어준 다음 전체를 넣는다.

7 안심에 박력분을 묻히고 여분의 가루를 털어낸다.

10 안심이 위로 떠오르고 거품이 잦아들면 건져낸다.

8 안심의 가는 부분을 잡고 튀김옷을 입힌다.

11 가운데를 잘라보면 아직 붉은 기가 남아 있지만, 기름기를 빼는 동안 남은 열에 의해 속까지 알맞게 익는다.

도리나베

鶏鍋

다리살을 고소하게 스키야키풍으로 질냄비에 구워 기름이 배어나오게 해서 육수에 감칠맛을 더했다. 가슴살은 얇게 자른 다음 끓는 육수에 살짝 담갔다 빼서 샤브샤브로 먹는다. 여기서 소개하는 전골은 2가지 맛을 즐길 수 있는 요리로, 냄비와 버너, 그릇을 손님 테이블에 놓고 테이블에서 직접 만들어 먹는 것이 좋다. 마무리로 죽을 끓이거나 우동을 넣어 먹어도 좋다.

재료 2인분

가슴살 80g

다리살 100g

소송채(어린잎) 12포기

소스

└ 고이구치 간장 15cc, 스다치즙 2개 분량,

　무 간 것 60g, 모미지 오로시(紅葉おろし)* 조금,

└ 유자후추 1.5g, 송송 썬 쪽파 10g

육수

└ 물 1ℓ, 청주 100cc,

　15cm 길이의 다시마 3장·15g

* 무와 홍고추를 함께 간 것.

닭고기 전골 재료(2인분). 가슴살, 다리살, 소송채 어린잎. 채소는 경수채처럼 맛이 강하지 않은 것이 잘 어울린다.

양념을 넣은 소스.

전골 재료와 육수를 준비한다

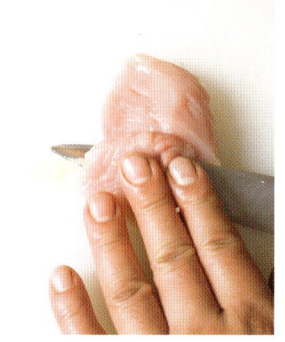

1 가슴살을 얇게 썬다.

3 육수를 만든다. 다시마를 물에 담가서 하룻밤 둔 다음, 청주를 넣는다.

2 다리살은 껍질째 결을 따라 자른다. 소송채와 함께 가슴살, 다리살을 접시에 보기 좋게 담는다.

테이블 위에서 만든다

4 질냄비를 가열하여 다리살을 껍질쪽부터 구워서 닭의 지방이 녹아 나오게 한다. 눌어붙지 않도록 주의한다.

6 강한 불로 끓인다.

5 껍질에서 지방이 충분히 녹아나오면 뒤집어 주고 육수를 붓는다.

7 끓으면 소송채와 가슴살을 살짝 익혀서 먹는다. 매콤한 소스에 찍어 먹으면 맛이 좋다.

닭튀김은 왜 2 번 , 3 번 튀기는 걸까 ?

맛있는 튀김은 겉은 바삭하고 속은 부드럽고 촉촉하다. 바삭한 식감은 수분이 적고 기름을 많이 함유하고 있을 때 생기는 식감이다. 닭고기 겉면의 수분을 충분히 증발시켜서 수분이 빠져나간 부분에 기름이 스며들게 하려면, 기름의 온도가 어느 정도 높아야 된다.

반면 고기를 부드럽고 촉촉하게 튀기기 위해서는 기름의 온도가 어느 정도 낮아야 된다. 왜냐하면 가열과정에서 65℃를 넘어간 부분부터 고기 조직을 지탱하는 콜라겐이 빠르게 수축되기 때문이다. 콜라겐이 수축되면 고기는 단단해지고 육즙이 밖으로 빠져나오게 된다.(→p.164)

이처럼 겉과 속을 원하는 상태로 완성하기 위해 필요한 기름의 온도는 크게 다르다. 그래서 첫 번째 튀길 때는 속을 익히기 위해 낮은 온도로 튀기고, 두 번째 튀길 때는 겉을 바삭하게 만들기 위해 높은 온도로 튀기기 때문에 2번 튀기는 것이다.

고기를 튀기는 과정에서 고려할 것은 처음 기름에 튀기고 두 번째로 다시 튀겨서 건져 올릴 때까지, 중심 온도가 계속 올라간다는 것이다. 처음 튀긴 고기를 기름에서 건져낸 다음에도 겉면의 열은 내부로 계속 전달되어 겉면의 온도는 낮아지지만, 중심 온도는 계속 올라간다. 중심 온도가 65℃를 초과하면 겉면부터 속까지 이미 단단하고 퍽퍽한 상태가 된다.

튀김을 맛있게 만들기 위해서는 아무것도 고려하지 않고 단순히 2번 튀기는 것이 아니라, 처음 튀길 때는 고기를 어느 정도 익혀야 할지, 그리고 기름에서 고기를 건져낸 다음에는 얼마동안 그대로 둘지 생각하고 튀겨야 한다.

튀김의 바삭한 식감에는 기름의 온도 외에도 고기에 묻히는 가루의 종류도 큰 영향을 미친다. 닭튀김에는 일반적으로 밀가루와 전분가루를 사용하는데, 전분가루는 순수한 전분이지만 밀가루에는 전분 외에 단백질이 함유되어 있다.

밀가루를 밑간한 고기에 묻히면 밑간용 국물이나 고기에서 나오는 수분을 흡수하여 그물구조로 이루어진 글루텐이라는 단백질이 만들어진다. 이것을 튀기면 그물구조에서 수분이 빠져나오는 동시에 글루텐이 열에 의해 단단해져서 그물구조가 촘촘하고 단단해진다. 그래서 고기 겉면이 바삭하고 단단한 식감이 되는 것이다.

반면 전분가루를 묻혀서 튀기면 밑간용 국물 등의 수분과 함께 가열된 전분은 찰기가 있는 호화상태가 된다. 호화된 부분은 전분 분자가 느슨하게 연결된 상태로, 튀기는 사이에 여기에서 수분이 빠져나가면 고기 겉면이 바삭해지고 가벼운 식감이 된다.

CHINA

중국요리의
육수와 정통요리

5

마오탕

毛湯

마오탕은 면요리나 조림요리, 볶음요리 등 다양한 중국요리에 널리 사용되는 만능 육수이다. 그렇기 때문에 담백하면서도 적당히 깊은 맛이 필요하다. 깊은 맛을 내기 위해 베이스인 닭뼈와 노계 외에 돼지족을 더 넣어서 감칠맛을 향상시켰다. 좀 더 깊은 맛을 원할 때는 건어물이나 금화햄 등을 넣으면 맛을 한층 더 업그레이드시킬 수 있다.

향미채소와 말린 재료

재료 30ℓ 용량의 큰 들통냄비 1개 분량
닭뼈(밑손질 전) 3kg
노계(내장 제거) 2마리(3kg×2마리)
돼지족 3개
대파(녹색 부분) 300g
대두(말린 것) 50g
말린 표고 2개
생강껍질 50g
물 20ℓ

대파와 생강껍질은 채소의 향과 감칠맛을 더해줄 뿐 아니라 닭 특유의 냄새를 없애준다. 육수재료를 오래 끓이면 동물성 냄새가 강해지지만, 대두가 이 냄새를 중화시킨다. 말린 표고는 감칠맛을 낸다.

닭뼈

베이스가 되는 닭뼈(손질 전). 콩팥 등을 제거하고 사용한다.

닭뼈를 손질한다

1 흐르는 물로 씻어서 뼈에 남아 있는 콩팥 등의 내장을 제거한다.

노계

노계. 영계보다 살은 단단하지만 맛있는 육수를 낼 수 있다.

돼지족을 준비한다

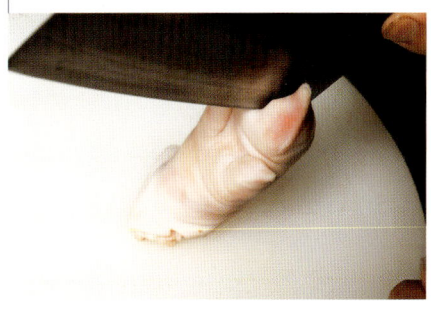

2 돼지 발굽 가운데에 칼을 넣고 두드려서, 뼈를 세로로 2등분한다.

돼지족

돼지족. 마오탕의 감칠맛과 깊은 맛을 향상시키는 재료.

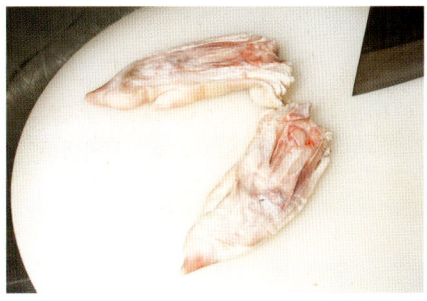

3 세로로 2등분한 돼지족. 한가운데에 칼을 넣지 않으면 잘 잘라지지 않는다.

노계를 부위별로 나눈다

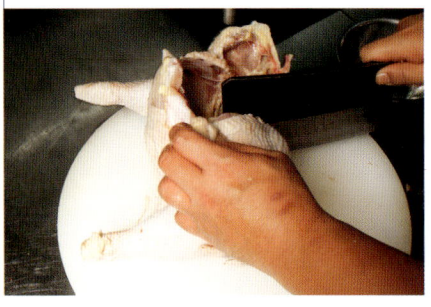

4 노계는 머리가 아래로 가게 세워서 엉덩이쪽부터 칼을 넣는다.

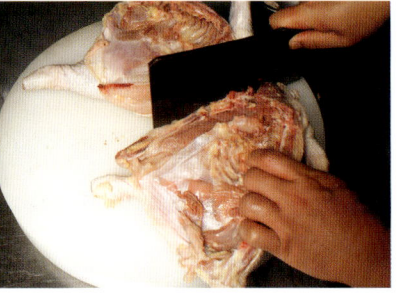

5 칼로 두드려서 반으로 자른다.

6 반으로 자른 노계의 몸통에서 각각 등뼈를 잘라낸다.

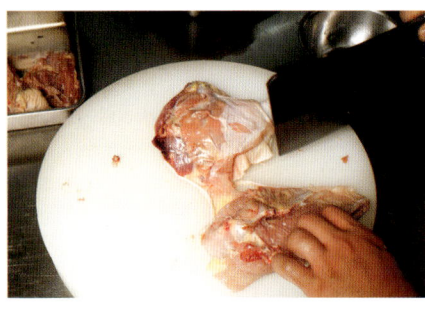

7 다리살과 가슴살을 잘라서 분리한다.

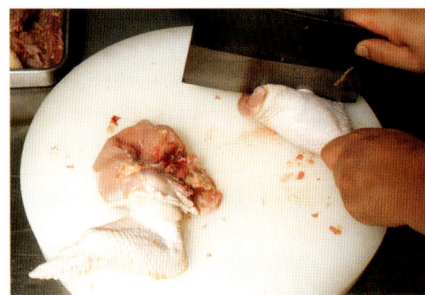

8 다리살을 반으로 자르고, 가슴살에서 윗날개(봉)와 아랫날개(윙)를 잘라낸다.

9 6에서 잘라낸 등뼈에 남아 있는 검붉은 살과 콩팥 등의 내장을 씻어낸다.

10 반으로 자른 노계를 손질한 모습. 크기가 비슷하도록 날개, 가슴살, 등뼈, 다리살 2장으로 잘라서 분리한다.

삶는다

11 부글부글 끓는 물에 손질을 마친 닭뼈, 돼지족, 노계를 넣는다. 처음부터 넣으면 감칠맛이 빠져나가기 때문에 물이 끓을 때 넣는다.

12 끓기 시작하면 5분 동안 계속 끓이면서 거품과 핏물을 깨끗이 제거한다. 육수에 잡맛이 우러나지 않도록 꼼꼼히 제거해야 한다.

13 체에 건져서 미지근한 물로 겉면을 깨끗이 씻는다. 찬물로 씻으면 거품과 핏물이 응고된다.

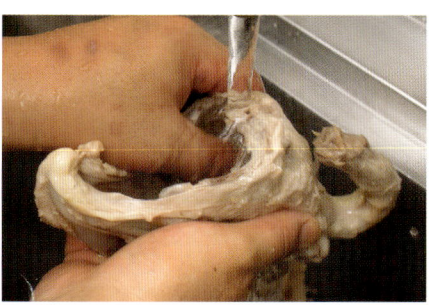

14 노계와 닭뼈 안에 남아 있는 골수나 콩팥 등의 내장을 꼼꼼히 씻어낸다.

마오탕을 만든다

15 냄비에 노계와 닭뼈, 물 20ℓ를 넣고 센 불에 올린다. 대두, 말린 표고, 생강껍질, 대파를 넣고 끓인다.

16 끓기 시작하면 중간 불과 센 불 사이에서 불을 조절하고, 거품을 꼼꼼히 걷어낸다.

17 겉면은 보글보글 조용히 끓으면서 속에서는 대류가 이루어질 정도로 불을 유지한다. 닭 냄새를 수증기와 같이 날려야 하므로 대파가 윗면을 덮지 않게 주의한다.

18 육수를 3시간 정도 끓인 상태.

19 면보자기를 깐 체에 거른다. 위에 뜬 기름을 조금 남겨두었다가, 용도에 따라 함께 사용한다.

20 사진처럼 높은 곳에서 거르면, 대류가 이루어져 육수가 탁해지므로 주의한다.

지유

鶏油

지유는 닭에서 뽑아낸 향이 좋은 기름이다. 닭의 지방에 대파와 생강의 풍미를 더해서 녹인 다음 위쪽의 투명한 기름만 모은 것. 조림요리는 물론 국물요리나 볶음요리 등 여러 가지 중국요리에 향을 더하기 위해 사용한다. 기름 속에 닭의 지방을 넣고 천천히 가열해서 만드는 방법도 있다.

재료
지방(엉덩이 주변의 지방) 1kg
얇게 썬 생강 15g
대파(녹색 부분) 100g

엉덩이 주변에는 지방이 두툼하게 붙어 있다. 이 지방으로 닭기름을 만든다.

생강과 대파는 닭 특유의 냄새를 완화시킨다.

1 트레이에 엉덩이 부분의 두툼한 지방을 올리고, 전체에 풍미가 배도록 대파와 저민 생강을 일정한 간격으로 올린다.

2 나무찜통에 넣고 뚜껑을 닫아 2시간 정도 찐다.

3 지방이 걸쭉하게 녹은 모습.

4 체에 걸러 트레이에 담는다.

5 이 상태로 남은 열을 식히고 냉장고에 하룻밤 넣어둔다.

6 닭기름이 하얗게 굳으면 가장자리에 꼬치로 구멍을 낸다.

7 이 구멍으로 밑에 고여 있는 수분을 빼낸다. 수분을 제대로 제거하지 않으면 오래 보관할 수 없다.

8 칼로 작게 자르고 비닐랩을 덮어서 냉동보관한다.

추이피지

脆皮鷄

추이피지에서는 닭의 껍질이 생명이다. 윤기가 흐르는 바삭한 껍질은 중국요리의 독자적인 기술로 만드는데, 이 껍질을 만들기 위해서는 3단계의 과정이 필요하다. 먼저 소금을 문질러서 겉면의 수분을 제거하고 끓는 물을 끼얹어 껍질을 편 다음 찰계수를 발라서 건조시킨다. 마지막으로 껍질이 손상되지 않도록 저온의 기름을 끼얹으면서 익힌다. 건져내기 전에 기름의 온도를 올려 껍질을 먹음직스러운 갈색으로 익힌다. 껍질이 이 요리의 가장 큰 특징이므로, 가능하면 껍질이 다른 곳에 닿지 않게 매달아놓고 작업하는 것이 좋다.

재료

닭(내장 제거) 1마리(1.6kg)

소금 닭 무게의 1%

찰계수(炸鷄水)

- 물엿 130g
- 현미식초 400cc
- 사오싱주 140cc
- 홍초 130cc
- 그래뉴당 1큰술
- 레몬 1/2개

식용유 적당량

훈제 반숙달걀* 3개

크레송 적당량

* 상온에 둔 달걀(큰 것)을 끓는 물에 넣어 5분 30초 동안 삶은 다음, 찬물에 담가놓고 껍질을 벗긴다. 각종 향신료를 넣은 간장양념에 하룻밤 담가두었다가, 우롱차 잎, 설탕, 산초열매를 넣고 훈제한다.(센 불에서 1분) 식을 때까지 그대로 두어서 색을 안정시킨다.

내장을 제거한 닭. 사이타마현 특산품인 가오리도리(香鷄)를 사용하였다. 1마리가 1.6kg. 털이 남아 있으면 제거하고 물로 씻은 다음 물기를 닦는다.

소금으로 문지르고 뜨거운 물을 끼얹는다

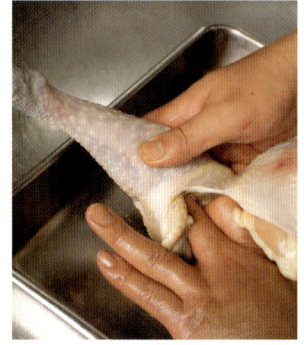

1 닭 무게의 1% 분량의 소금을 겉면, 뱃속, 다리 안쪽, 살과 껍질 사이에 손가락을 넣고 문질러서 바른다. 살이 두꺼운 부분은 소금을 더 많이 바른다.

찰계수(껍질용 양념)

찰계수를 발라서 말리면 추이피지의 특징인 윤기 있는 껍질을 만들수 있다.

1 볼에 현미식초, 홍초, 사오싱주, 그래뉴당, 물엿을 넣는다.

2 반달썰기한 레몬을 넣는다.

홍초. 보기 좋은 붉은 색과 순하고 부드러운 신맛이 특징이다.

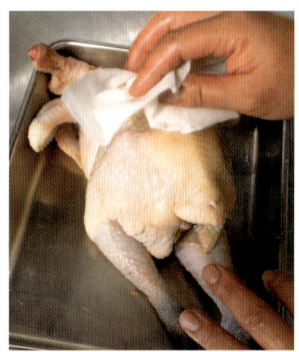

2 냉장고에 반나절 정도 두어서 맛이 배게 한다. 수분이 빠져나오면 키친타월로 두드리듯이 닦아낸다.

3 중탕으로 녹인 다음 상온에서 식히면 완성.

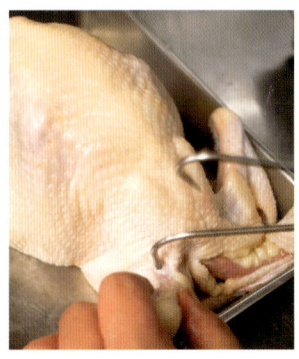

3 날개가 붙어 있는 부분의 관절에 고리를 건다.

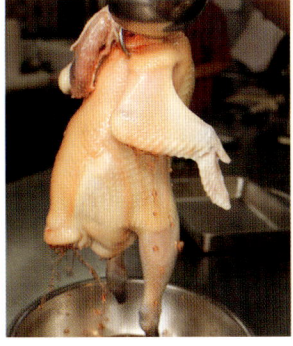

4 닭을 고리에 걸어서 매달아놓고, 끓는 물을 목부터 골고루 끼얹어서 껍질이 펴지게 한다.

7 수분을 닦은 닭의 겉면에 찰계수를 끼얹는다. 날개가 붙어 있는 부분도 빼놓지 말고 끼얹는다.

10 중화냄비가 작을 경우 냄비 바닥에 붙어서 타기 쉬우므로, 트레이를 넣어서 닭이 바닥에 직접 닿지 않게 한다.

13 등쪽이 아래로 향하게 놓고 가슴쪽에 기름을 끼얹는다.

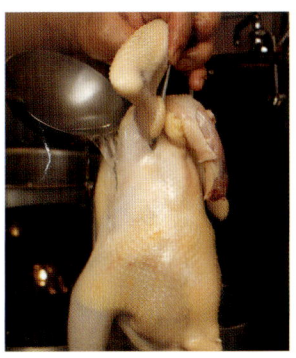

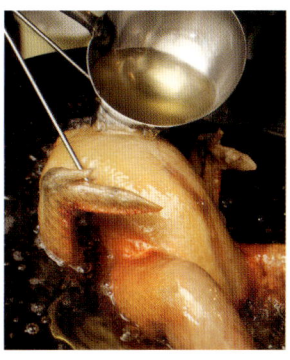

5 날개 아래, 목 뒤도 빼놓지 말고 끓는 물을 끼얹었다.

8 선풍기를 틀어놓고 하룻밤 둔다. 가끔씩 방향을 바꿔주면서 건조시킨다. 냉장고에 넣으면 물기가 생기므로 선풍기로 건조시킨다.

11 찰계수 코팅이 벗겨지지 않도록 주의하면서 100~120℃ 기름을 끼얹는다.

14 잘 익지 않는 부분은 가슴살의 두꺼운 부분과 다리와 몸통이 이어진 부분이다.

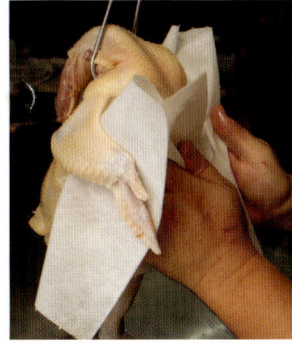

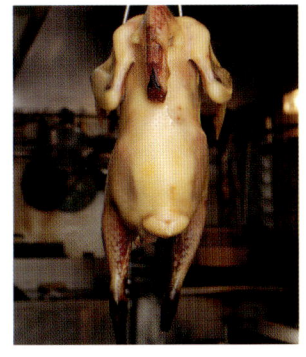

6 물기와 피를 닦아낸다. 잘 닦지 않으면 완성되었을 때 핏자국이 남는다. 여기서부터는 계속 매달아놓고 작업한다.

9 하룻밤 건조시킨 닭. 가슴쪽 목 아래에 세로로 칼집을 넣으면 튀길 때 빨리 익는다.

12 10의 트레이에 닭을 올려서 기름 안에 넣는다.

15 3분 30초 정도 지난 다음 등이 위를 향하게 뒤집어서, 계속 기름을 끼얹는다. 머리가 있던 부분에도 기름을 끼얹는다. 총 8분 정도 기름을 끼얹었다.

남은 열로 익힌다

16 고리에 건다. 이 단계에서 닭은 30% 정도 익은 상태이다. 15분 동안 그대로 두면 남은 열로 60% 정도 익는다.

18 옆부분에도 기름을 끼얹은 다음, 가슴이 위를 향하게 놓고 기름을 끼얹어서 익힌다. 고온으로 마무리한다.

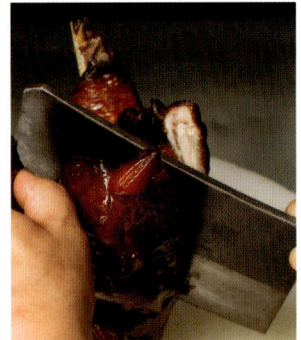

21 닭을 세워서 엉덩이쪽부터 칼을 넣고 세로로 2등분한다.

24 다리는 껍질이 찢어지지 않도록 주의해서 뼈째로 먹기 좋게 자른다.

튀겨서 완성한다

17 130℃ 기름에 등이 위를 향하게 닭을 넣는다. 갑자기 고온의 기름에 넣으면 속까지 따뜻해지기 전에 완성되므로 온도에 주의한다.

19 고리에 걸고 1분 동안 그대로 두어서 기름기를 뺀다.

22 반으로 자른 몸통에서 날개와 다리를 잘라낸다. 다른 한쪽도 같은 방법으로 분리한다.

25 가슴살은 결이 달라지는 부분에서 자르고, 각각의 결을 따라 먹기 좋은 크기로 다시 자른다.

부위별로 나눈다

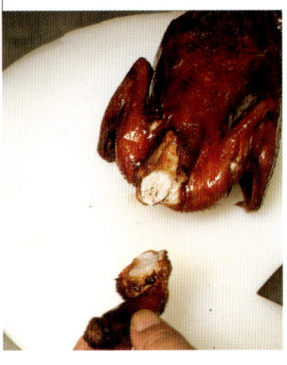

20 목과 정강이 아랫부분을 잘라낸다.

23 가슴에서 등뼈를 잘라낸다.

26 날개도 먹기 좋게 토막을 내고 큰 접시에 날개, 가슴살, 다리살을 담은 다음, 훈제 반숙달걀과 크레송을 곁들여 낸다.

백절계

白切鷄 바이체지

닭 한 마리를 통째로 80℃ 물에 넣고 천천히 삶은 요리. 남은 열로 익는 것을 고려하여 삶는 시간을 조절하는 것이 촉촉하게 완성하는 비결이다. 이름대로 닭의 겉면을 하얗게 완성하기 위해 소금으로 문질러서 더러운 부분을 깨끗하게 제거한 다음 요리를 시작한다. 새하얀 껍질이 이 요리의 생명이므로, 껍질이 찢어지지 않게 주의한다. 날개, 다리살, 가슴살을 각 부위별로 담고 소스를 뿌린다.

재료 4접시 분량
닭(내장 제거) 1마리(1.2kg)
소금 적당량
대파, 생강껍질 적당량씩
구수계·마라소스(→ p.137) 적당량
고수 적당량

길장(桔醬)소스
봉봉계(棒棒鷄)소스
파소스

내장을 제거한 닭을 사용한다. 1kg 정도면 적당하다.

삶은 닭을 보관할 때는 차가운 육수(마오탕 1.2ℓ당 소금 1큰술, 고이구치 간장 15cc, 사오싱주 15cc, 대파, 생강을 섞어서 끓인 다음 식힌 것)에 담가놓으면 촉촉하게 보관할 수 있다. 3일 정도 보관할 수 있지만 점점 고기가 단단해지고 풍미가 날아가므로, 가능하면 1.5일 이내에 사용하는 것이 좋다.

삶는다

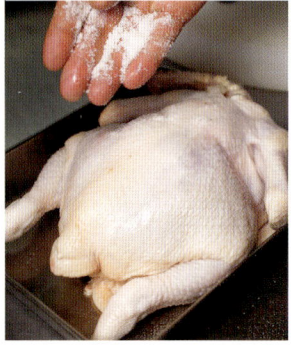

1 겉면과 뱃속에 소금을 뿌리고 문질러서 불순물 등을 제거한다.

4 뒷다리를 잡고 머리쪽부터 뜨거운 물에 넣는다.

7 껍질이 찢어지지 않도록 주의해서 건져낸다.

잘라서 분리한다

9 식으면 목이 붙어 있는 부분부터 엉덩이까지 등뼈를 따라 칼을 넣는다. 뜨거울 때 자르면 수분이 날아가 버린다.

2 흐르는 물로 씻어서 소금과 불순물을 없앤다. 뱃속에 남아 있는 내장도 깨끗이 씻어낸다.

5 위로 떠오르지 않도록 엉덩이쪽에서 뱃속에 뜨거운 물을 넣어 가라앉힌다.

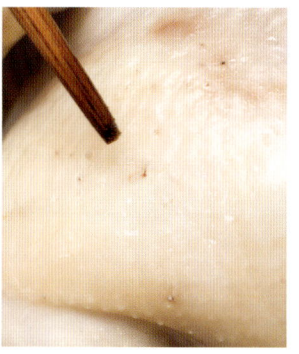

8 다리의 두툼한 부분에 젓가락을 찔러 넣었을 때 투명한 육즙이 나오면 건져내고, 20~30분 동안 남은 열로 익힌다. 붉은 육즙이 나오면 다시 넣는다.

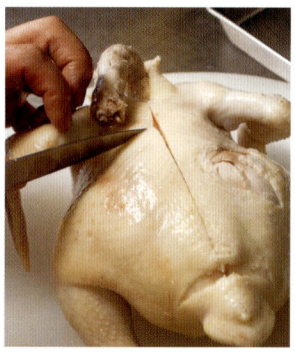

10 다리와 몸통이 이어진 부분과 날개 사이에 칼집을 낸다.

3 80℃ 물에 대파와 생강껍질을 넣는다. 닭고기를 천천히 익히는 것이 촉촉하게 완성하는 비결이다.

6 80℃를 유지하면서 25분 동안 삶는다. 대파가 흔들거릴 정도로 불을 조절한다.

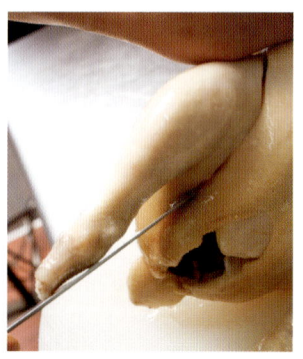

11 가슴이 위로 오게 놓고 다리 둘레에 칼끝을 넣어 껍질을 자른다.

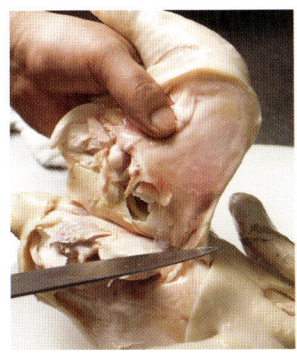

12 손으로 다리를 벌려서 소리레스와 함께 분리한다. 반대쪽 다리도 같은 방법으로 분리한다.

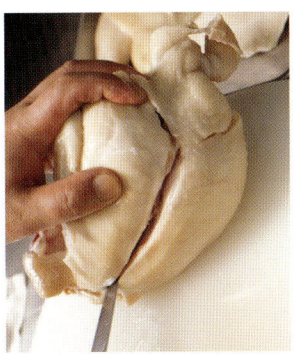

15 가슴이 위를 향하게 놓고 가슴뼈를 따라 칼을 넣는다.

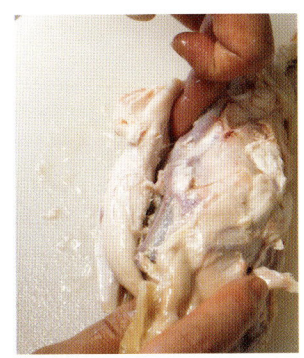

18 가슴뼈 양쪽에 붙어 있는 안심을 손으로 벗겨낸다.

21 발목 주위에 칼을 1바퀴 돌려서 잘라낸다.

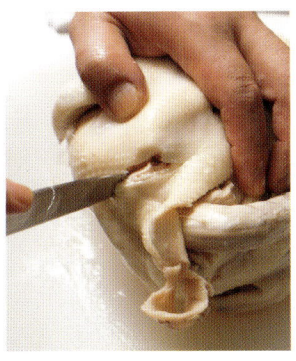

13 윗날개(봉)가 붙어 있는 부분의 관절에 칼을 넣고 자른다. 반대쪽 윗날개(봉)도 같은 방법으로 자른다.

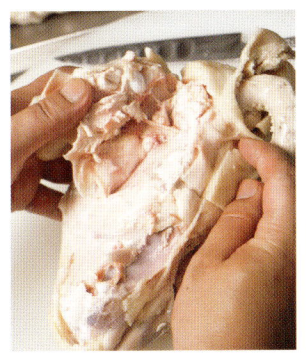

16 등이 위를 향하게 놓고 손으로 날개를 벌려서 가슴살과 날개를 분리한다.

19 안심 주변의 얇은 막을 손가락으로 잡아서 벗겨낸다.

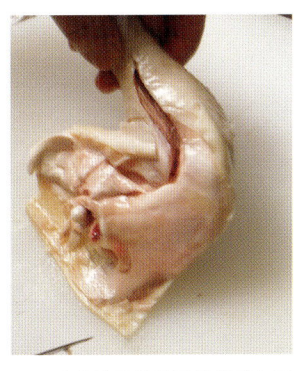

22 다리 안쪽이 위를 향하게 놓고 넙다리뼈와 정강뼈를 따라 칼을 넣는다. 껍질이 손상되지 않도록 주의한다.

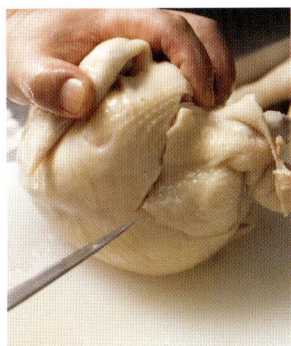

14 여기서부터 빗장뼈를 따라 칼을 넣는다.

17 안심은 뼈에 남겨둔다. 반대쪽 날개와 가슴살도 같은 방법으로 분리한다.

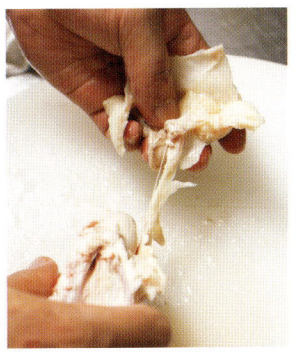

20 남아 있는 목부분의 껍질을 떼어낸다. 뼈에 남아 있는 살을 깨끗이 뜯어낸다.

23 다리 관절을 잘라서 분리한다.

24 손으로 정강뼈를 들어올린다. 넓적다리 관절 주변의 살을 잘라내고 정강뼈를 제거한다. 두꺼운 힘줄도 제거한다.

27 뼈를 제거한 다리.

30 중간날개의 2개의 뼈 사이에 칼을 넣고 관절을 잘라서 아랫날개(윙)를 분리한다.

접시에 담는다

33 윗날개(봉)와 중간날개는 모양을 정리하고 결을 따라 2cm 너비로 자른다. 맨 밑에 담는다.

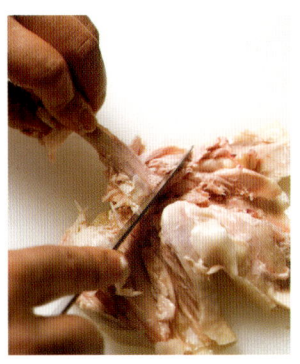

25 넙다리뼈도 제거한다.

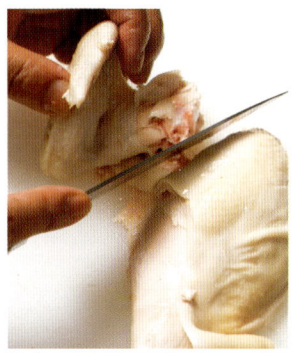

28 가슴살과 윗날개(봉) 사이의 관절을 잘라서 날개를 분리한다.

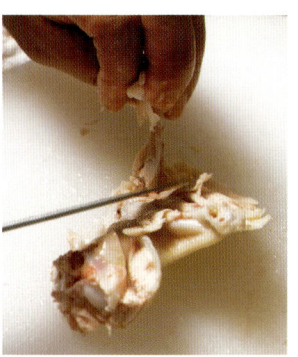

31 살을 벌리고 중간날개의 2개의 뼈와 윗날개(봉)의 두꺼운 뼈를 빼낸 다음 혈관 등을 잘라낸다.

34 다리는 넓적다리살과 정강이살로 분리하고, 모두 결을 따라 2cm 너비로 자른다. 날개 위에 올린다.

26 관절의 연골과 두꺼운 혈관을 제거한다.

29 윗날개(봉) 안쪽이 위를 향하게 놓고 뼈를 따라 칼집을 낸다.

32 뼈를 제거한 윗날개(봉)와 중간날개.

35 가슴살은 결이 달라지는 부분에서 자른 다음, 각각 결을 따라 2cm 너비로 자른다. 맨 위에 올린 다음 마라소스를 뿌린다.

백절계에 어울리는 소스

구수계 · 마라소스

재료 만들기 편한 적당량
양념A
- 중국간장 120cc
- 진강흑초(鎭江黑醋) 45cc
- 설탕 3큰술
- 생강(다진 것) 2큰술
- 흰 통깨 2큰술

양념B
- 대두유 90cc
- 참기름 75cc
- 화초(花椒)가루 1작은술
- 고춧가루* 4작은술

* 중국 사천지방의 고춧가루인 조천날초(朝天辣椒) 가루를 사용.

1 양념A를 볼에 넣고 잘 섞는다.
2 양념B는 작은 냄비에 넣고 약한 불로 가열하여 180℃가 되면 A의 볼에 조금씩 넣으면서 섞는다.
3 식으면 완성.

진강흑초(진강향초라고도 한다). 중국 3대 명초 중 하나로 찹쌀로 만든 식초에 왕겨를 넣고 발효시킨 것이다. 농후한 풍미와 향이 특징.

파소스(사진 위)

재료 만들기 편한 적당량
대파(다진 것) 6큰술
생강(다진 것) 2작은술
파기름 30cc
소금 1꼬집
식초 1/3작은술
고이구치 간장 1/3작은술

1 볼에 다진 대파와 생강을 넣는다.
2 냄비에 파기름을 넣고 끓인 다음 1의 볼에 넣어 향을 낸다.
3 나머지 양념을 넣고 잘 섞는다.

봉봉계 소스(사진 가운데)

재료 만들기 편한 적당량
설탕 2큰술
식초 15cc
고이구치 간장 75cc
참기름 15cc
대파(다진 것) 3큰술
생강(다진 것) 2큰술
지마장 6큰술
라유 적당량

1 볼에 라유 이외의 재료를 넣고 잘 섞는다. 라유는 마지막에 넣는다.

길장소스(사진 아래)

재료 만들기 편한 적당량
금귤 500g
청주 50cc
그래뉴당 25g

1 금귤은 꼭지를 따고 가로로 2등분하여 씨를 제거한다.
2 작은 냄비에 1, 청주, 그래뉴당을 넣고 약한 불로 30분 정도 끓인다. 금귤이 부드러워질 때까지 끓인다.
3 믹서에 넣고 갈아서 페이스트 상태로 만든다.

궁보계정

宮保鷄丁 궁바오지딩

닭다리살은 위치에 따라 가열에 의해 수축되는 정도가 다르다. 관절 아래 정강이살은 넓적다리살보다 많이 수축되기 때문에, 넓적다리살보다 20% 정도 크게 잘라야 같은 크기로 완성된다. 중국요리에서는 저온의 기름에 재료의 겉면만 살짝 익힌 다음 사용하는 경우가 많은데, 이 요리에서는 그 방법을 사용하지 않고 밑간을 한 닭고기를 직접 냄비에 볶는 '샤오차오(小炒)'라는 방법으로 만들었다. 닭고기의 식감과 맛을 직접 느낄 수 있는 요리방법이므로, 맛이 진한 토종닭을 사용하는 것이 좋다.

재료

다리살 1장(200g)
고이구치 간장(다리살 밑간용) 4g
고추(다카노쓰메) 15g
붉은 산초 2g
튀긴 캐슈넛 35g
양념A
- 삼온당 6g
- 고이구치 간장 12g
- 청주 8g
- 주양(酒釀)* 25g
- 현미식초 6g
- 진강흑초 8g
- 중국 다마리 간장 10g
- 물전분 12g
대파 흰 부분(1.5㎝ 크기로 네모나게
  썬 것) 5g
생강(1㎝ 크기로 깍둑썰기한 것) 2g
산초유 15cc
식용유 60cc
산초가루, 고춧가루 적당량씩
고수 적당량

* 찹쌀에 맥아를 넣고 만든 조미용 단술.
맛을 부드럽게 만들어주는 효과가 있다.

오른쪽 뒤는 둥글게 썬 고추(다카노쓰메)와 붉은 산초. 왼쪽 뒤는 튀긴 캐슈넛, 대파, 생강. 오른쪽 앞은 고수. 왼쪽 앞은 깍둑썰기한 다리살.

다리살을 잘라서 분리한다

1 다리살은 관절을 기준으로 위쪽의 넓적다리와 아래쪽 정강이의 육질이 다르기 때문에, 가열에 의해 수축되는 정도도 다르다.

3 정강이살이 넓적다리살보다 많이 수축되므로, 우선 2부분으로 잘라서 분리한다.

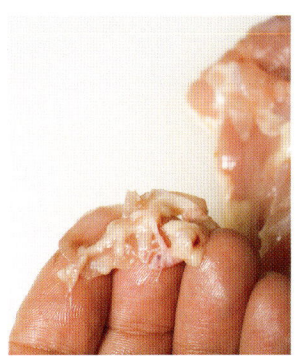

2 남아 있는 혈관이나 관절의 연골 등을 깨끗이 제거한다.

4 넓적다리살을 자르고 좌우로 펼쳐서 두께를 고르게 정리한다.

5 넓적다리살과 정강이살을 각각 깍둑썰기한다. 정강이살이 넓적다 리살보다 많이 수축되므로 정강이 살을 더 크게 자른다.

8 양념A를 섞는다.

10 처음에는 센 불로 볶고 온도가 올라가기 시작하면 바깥쪽 불을 켰 다 껐다 하면서 고기에 간장의 향이 배이게 한다.

13 대파와 생강을 넣고 냄비를 흔 들어주면서 섞는다.

6 왼쪽이 3㎝ 크기로 깍둑썰기한 넓적다리살. 오른쪽은 4㎝ 크기로 깍둑썰기한 정강이살.

볶는다

9 중화냄비에 기름(분량 외)을 두 르고 불에 올린다. 냄비에 기름이 돌면 기름을 따라낸다. 이것을 '냄 비 길들이기'라고 한다. 길들인 중 화냄비에 새로운 기름을 60㏄ 붓 고, 7의 다리살을 넣어 볶는다.

11 고추를 넣는다. 고추를 태운 향도 조금 필요하지만, 검게 변하지 않게 주의한다.

14 양념A를 넣고 불을 키운다.

밑간을 한다
양념을 섞는다

7 다리살에 고이구치 간장을 넣고 주무른다.

12 붉은 산초를 넣는다.

15 캐슈넛을 넣고 산초유를 조금 떨어뜨린 다음 냄비를 흔들어주면 서 볶는다. 산초가루와 고춧가루를 뿌리고 고수를 곁들인다.

삼배계

三杯鷄 싼베이지

'타이완 바질'이라고도 부르는 '구층탑(홀리 바질의 근연종)'으로 향을 낸 타이완의 정통요리. 뼈 있는 다리살을 매콤달콤하게 볶은 요리로, 밥반찬이나 술안주로 모두 잘 어울린다. 원래 양념을 같은 비율로 넣고 끓인 데서 붙여진 이름인데, 여기에서는 간장을 적게 넣었다.

재료

다리살(뼈째) 2개(800g)

대파 70g

홍고추 2개

구층탑 15g

마늘 8쪽(30g)

생강 60g

검은깨 참기름 90cc

대만미주(타이완 쌀소주) 90cc

고이구치 간장 15cc

중국간장 15cc

장유고(醬油膏)* 60cc

* 굴소스와 비슷한 타이완의 걸쭉한 간장.

다리살은 뼈째로 사용한다.

위는 닭다리살. 아래 왼쪽은 구층탑. 오른쪽은 생강(너비 2cm×길이 5cm), 마늘, 홍고추, 대파.

대만미주(타이완 쌀소주)

장유고(타이완 간장)

검은깨 참기름

뼈째로 자른다

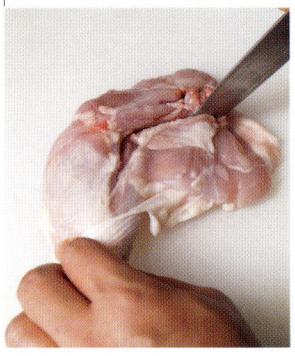

1 다리살을 안쪽이 위를 향하게 놓은 다음, 넓적다리부터 정강이까지 뼈 위에 칼을 넣어 관절에서 자른다.

2 중식도를 사용하여 뼈째로 가로세로 3cm 정도로 자른다.

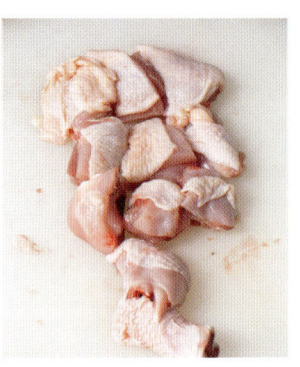

3 조각마다 뼈가 남아 있도록 자른다. 뼈째로 가열하면 살이 덜 수축되고 육즙의 감칠맛이 고기에 남는다.

볶는다

4 달군 중화냄비에 기름을 넣고 길들인 다음, 기름을 따라내고 검은깨 참기름을 넣는다.

5 생강과 으깬 마늘을 넣고 타지 않도록 천천히 볶아서 향을 낸다.

6 향이 나면 다리살을 넣고 센 불로 볶는다.

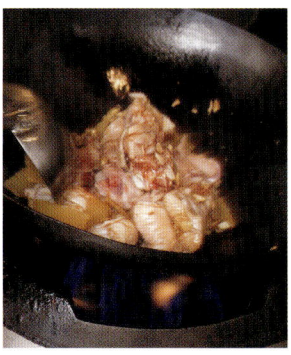

7 냄비를 흔들어주면서 센 불로 고소하게 볶는다.

양념을 넣고 잘 섞는다.

찌듯이 조린다

11 질냄비(여기에서는 알루미늄 냄비)에 옮긴다. 처음부터 질냄비를 사용하면 타기 쉬우므로 중간에 냄비를 교체한다.

14 국물이 졸아들면 살짝 태우면서 닭고기를 버무린다.

8 고기가 익어서 겉면의 색이 변하고 고소한 향이 나기 시작하면 홍고추를 넣는다.

12 뚜껑을 덮고 센 불로 냄비 옆면에도 불이 닿게 하면서 7분 정도 가열한다.

15 대파를 넣어 섞는다.

9 쌀소주, 고이구치 간장, 중국간장, 장유고를 넣는다.

13 끓기 시작하면 중간 정도의 센 불로 줄이고, 가끔씩 뚜껑을 열고 섞어주면서 조린다.

16 닭에서 나온 기름과 참기름만 남을 정도로 국물이 졸아들면, 구층탑을 넣고 살짝 섞어서 제공한다.

닭발과 고추절임

野山椒鳳爪　예산자오펑좌

차가운 전채요리 중 하나이다. 닭발은 젤라틴이 풍부한 부위이므로 식으면 단단해져서 독특한 식감을 즐길 수 있다. 닭발을 매콤한 양념에 절여서 향을 더한 요리.

재료 4접시 분량

닭발 500g

물, 청주, 대파, 생강 적당량씩

채소A
- 빨강 파프리카 25g(1/2개)
- 노랑 파프리카 25g(1/2개)
- 동부 15g(5개)
- 셀러리 25g(1대)
- 야산초(野山椒)* 40g

양념
- 물 1ℓ
- 소금 15g
- 설탕 5g
- 식초 18g

향신료B
- 팔각 3g
- 산내** 3g
- 계피 3g
- 펜넬씨 3g
- 초과*** 3g
- 월계수 잎 3장
- 붉은 산초 5g
- 고추 5g

향미채소C
- 대파 15g
- 생강 15g
- 마늘 8g

* '지천초(指天椒)'라는 풋고추를 절인 것.
** 생강과 식물인 가랑갈(Kaempferia galanga)의 뿌리줄기를 둥글게 잘라서 건조시킨 것.
*** 생강과 식물인 초두구의 열매를 건조시킨 것.

오른쪽 뒤는 향미채소C(대파, 생강, 마늘). 왼쪽 뒤는 채소A(빨강 파프리카, 노랑 파프리카, 셀러리). 오른쪽 앞은 야산초. 왼쪽 앞은 향신료B(초과, 팔각, 월계수 잎, 산내, 붉은 산초, 계피, 고추, 펜넬씨).

닭발을 삶아서 뼈를 제거한다

1 물에 청주를 넣고 끓인 다음 손질한 닭발(→p.37)을 넣는다.

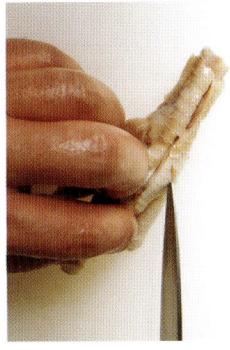

4 발등이 위를 향하게 놓고 발가락 위에 칼로 칼집을 낸다.

2 대파와 얇게 썬 생강을 넣고 가열한다. 끓으면 중간 불로 20분 동안 삶아서 쫄깃하게 만든다.

5 관절을 부러뜨려서 뼈를 뺀다.

3 삶은 닭발을 물로 씻는다.

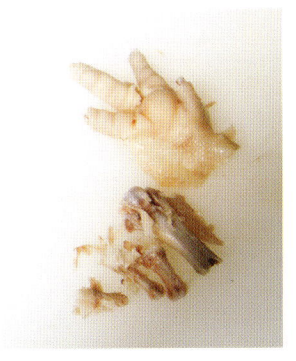

6 뼈를 뺀 닭발.

7 또는 세로로 2등분해서 그대로 사용해도 좋다. 1주일 정도 냉장보관할 수 있다.

채소A와 향신료B, 향미채소C를 준비한다

8 빨강 파프리카, 노랑 파프리카, 셀러리, 동부는 너비 1㎝, 길이 6㎝로 맞춰서 자른다.

양념을 준비한다

11 물 1ℓ에 소금 15g, 설탕 5g을 넣는다.

14 체에 걸러서 볼에 넣고 식초 18g을 넣는다.

9 볼에 옮겨 담고 소금 1꼬집(분량 외)을 넣어 섞은 다음 30분 정도 수분을 뺀다.

12 향신료B와 향미채소C를 넣고 가열한다.

양념에 재운다

15 물기를 제거한 9의 채소와 야산초를 14의 양념에 넣는다.

10 마늘은 껍질을 벗기고 칼배로 눌러서 으깬다. 초과도 같은 방법으로 으깬다.

13 끓으면 바로 불을 끄고 뚜껑을 덮은 다음 그대로 하룻밤 재워서 액체에 향이 배이게 한다.

16 씻어둔 닭발의 물기를 제거한 다음 양념에 재운다. 2일 동안 냉장고에 넣어두고 맛과 향이 배게 한다. 맛이 잘 배면 접시에 담아낸다.

APPLY

부위별
응용요리

6

제노베제 소스와 닭가슴살 샐러드

Insalata di pollo, salsa genovese 인살라타 디 폴로, 살사 제노베제

닭가슴살을 진공 상태로 저온에서 오랫동안 익혀 촉촉하게 완성하였다. 결을 따라 찢으면 가슴살을
좀 더 부드럽게 즐길 수 있다. 붉은 가지의 신맛이 악센트가 되어 샐러드 맛을 잡아준다.

이탈리아요리 / 쓰지 다이스케(콘비비오)

재료 4인분
가슴살 1장(180g)
제노베제 소스* 적당량
붉은 가지 1/2개
분홍느타리 적당량
꼬투리강낭콩 3개
라디키오 2장
감자 1/4개
이탈리아쌀(카르나롤리종) 30g
레드와인 식초 적당량
그라나파다노치즈(가루) 적당량
소금, 올리브유 적당량씩
버섯거품** 적당량

* 바질 30g, 잣 10g, 올리브유 100g, 빵의 흰 부분 5g, 그라나파다노치즈(가루) 1큰술을 믹서로 간다.
** 포르치니버섯(건조)을 따뜻한 물에 불린다. 불린 물에 소금을 조금 넣고 액체의 1% 분량의 수크로 에물(Sucro emul, 스페인 sosa 제품. 분말 유화제)을 넣은 다음 핸드블렌더로 거품을 만든다.

1 가슴살은 껍질과 힘줄을 제거하고 소금(가슴살 무게의 1% 분량)을 뿌린다. 진공팩에 넣고 공기를 뺀 다음 따뜻한 물(63℃)로 35분 동안 삶아서 익힌다.

2 1의 진공팩을 얼음물에 담가 식힌다.

3 둥글게 썬 붉은 가지는 양면에 소금을 뿌리고 30분 정도 두어서 쓴맛을 제거한다.

4 가지에서 배어나온 수분을 제거한 다음 올리브유로 소테한다. 레드와인 식초에 재워서 하룻밤 둔다.

5 분홍느타리는 끓는 물에 살짝 데치고 소금과 올리브유로 버무려서 맛을 낸다.

6 꼬투리강낭콩은 삶아서 세로로 가른다. 감자는 작게 깍둑썰기해서 소금물에 삶는다.

7 이탈리아쌀은 씻지 않고 끓는 소금물에 그대로 넣은 다음, 약한 중간 불로 심이 조금 남아 있는 알덴테 상태가 되도록 12분 동안 삶는다.

8 삶은 쌀을 얼음물에 넣고 식히면서 전분을 씻어내고 물기를 뺀다.

9 라디키오는 올리브유로 소테하고 소금과 레드와인 식초로 간을 한다.

10 2의 가슴살을 손으로 가늘게 찢은 다음, 제노베제 소스와 그라나파다노치즈를 넣고 버무려서 맛을 낸다.

11 쌀에 소금, 레드와인 식초, 올리브유를 적당량씩 넣고 섞어서 간을 한다.

12 접시에 쌀과 붉은 가지를 담고 그 위에 분홍느타리, 꼬투리강낭콩, 감자, 10의 가슴살을 올린다. 마무리로 버섯거품을 얹어서 향을 더한다.

닭가슴살과 푸아그라 코포 샐러드

Salade de poulet et foie gras copeaux 살라드 드 풀레 에 푸아그라 코포

담백한 닭가슴살을 촉촉하게 가열한 다음 차갑게 식혀서 샐러드로 만들었다. 푸아그라는 가슴살의 담백한 맛을 보충하기 위해 사용하는 것으로, 두툼하게 자르면 볼륨감이 있어 부담스러울 수 있으므로 가슴살의 맛을 살릴 수 있도록 얇게 깎아서 곁들였다. 입에 넣었을 때 소스와 함께 사르르 녹는 정도가 좋다. 프랑스요리 / 다카라 야스유키(긴자 레칸)

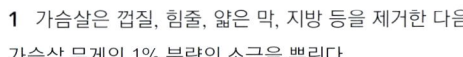

재료 2인분

가슴살 1장(250g)
소금 가슴살 무게의 1%
콩소메 드 볼라유(→p.48) 80cc
푸아그라 테린(냉동) 60g
A(소스용)
 ┌ 올리브유 15cc
 │ 아몬드유 10cc
 │ 셰리 식초 5cc
 └ 소금, 후추 적당량씩

곁들이는 재료
 ┌ 주키니(세로로 슬라이스하여 소금물에 데친 것)
 │   4장
 │ 빨강, 노랑 파프리카(크고 작은 원형틀로 찍어서
 │   소금물에 데친 것) 4장씩
 │ 꼬투리강낭콩(소금물에 데친 것) 16개
 │ 무순 1/4팩
 └ 아몬드슬라이스(구운 것) 적당량
미뇨네트(굵게 간 검은 후추) 적당량
그로 셀(게랑드산 굵은 소금) 적당량

1 가슴살은 껍질, 힘줄, 얇은 막, 지방 등을 제거한 다음 가슴살 무게의 1% 분량의 소금을 뿌린다.

2 가슴살을 진공팩에 넣고 콩소메 드 볼라유를 부은 다음 공기를 충분히 뺀다. 공기가 남아 있으면 가열할 때 팩이 부풀어서 가슴살이 콩소메에 잠기지 않는 부분이 생기므로, 공기를 잘 뺀다.

3 컨벡션오븐의 콤비모드(증기 65℃, 스팀 100%)로 20분 동안 가열한다. 가열 후 바로 얼음물에 담가 식혀서 잡균이 번식하는 온도에서 빨리 벗어나게 한다.

4 식으면 가슴살을 건져내고 키친타월로 닦아서 4장으로 나눈다.

5 팩에 남아 있는 콩소메를 냄비에 옮겨 약한 불로 끓인다. 센 불로 끓이면 거품과 기름이 국물에 퍼지기 때문에 약한 불로 끓인다. 끓으면 거품을 제거하고 1/4 분량으로 줄어들 때까지 졸인다. 얼음 위에 볼을 올려놓고 면보자기를 대고 걸러준다.

6 완전히 식으면 A를 모두 넣고 소금과 후추로 간을 하여 소스를 만든다.

7 접시에 4의 가슴살과 곁들이는 재료를 담고, 냉동한 푸아그라 테린을 슬라이서로 깎아서 올린다. 주위에 소스를 뿌리고 미뇨네트와 그로 셀을 뿌려서 완성한다.

수제햄과 뿌리채소 샐러드

自家製ハムと根菜のサラダ 지카세이 하무토 콘사이노 사라다

가슴살은 담백하고 질리지 않는 맛이기 때문에 훈제로 만들어서 개성을 더했다. 가슴살을 삶으면 자를 때 부서지기 쉬우므로 단단히 말아서 삶는다.   일본요리 / 가메다 마사히코(이후)

재료 만들기 편한 적당량

가슴살 1kg

A

├ 소금 30g(닭고기 무게의 3%)

├ 꿀 50g(닭고기 무게의 5%)

└ 레몬그라스 가슴살 1장당 1줄기

훈제재료(사과나무 훈제칩 30g, 설탕 20g)

샐러드

├ 아야메유키(あやめ雪)*, 래디시, 노랑당근, 주황당근,

└ 세뇨리타피망**, 프릴양상추, 써니양상추 적당량씩

드레싱

├ 식용유 200cc

├ 식초 100cc

├ 양파 간 것 1/2개 분량

├ 씨겨자 50g

└ 소금, 후추, 레몬즙 적당량씩

* 위쪽 절반이 보라색인 작은 순무. 단맛이 있으며 육질이 촘촘한 것이 특징이다.

** 육질이 두툼하고 단맛이 있는 둥근 피망. 빨강, 녹색, 오렌지색, 금색이 있다.

1 햄을 만든다. 가슴살은 두께를 고르게 만들기 위해 갈라서 좌우로 펼치고, A를 뿌려서 냉장고에 넣고 하루 정도 둔다. 비닐랩을 깐 김발에 가슴살을 올리고 단단히 말아서 끝부분을 고정시킨 다음, 끓는 물에 넣고 30분 동안 삶는다. 한 김 식힌 다음 김발과 비닐랩을 제거한다.

2 중화냄비에 훈제재료를 넣고 철망을 올린다. 철망 위에 가슴살을 올린 다음 뚜껑을 덮고 중간 불로 5분 동안 훈제한다.

3 샐러드용 순무와 무, 피망을 먹기 좋게 자른다. 당근종류는 삶아서 먹기 좋게 자른다. 양상추는 손으로 뜯어서 차갑게 식혀둔다. 드레싱 재료를 믹서에 넣고 섞는다.

4 접시에 양상추를 깔고 샐러드와 둥글게 썬 햄을 담은 다음 드레싱을 곁들인다.

레몬거품과 후추파우더 닭가슴살채 수프

酸辣烩鸡絲 쑤안라후이지쓰

하나의 요리로 서로 다른 3가지 맛을 즐길 수 있는 닭가슴살 수프. 처음에는 맑은 수프 자체의 섬세한 맛을 느끼고, 다음은 레몬거품과 함께 수프를 맛보고, 마지막은 후추파우더를 넣어서 중국 사천지방의 산라 맛을 즐긴다. 가슴살을 촉촉하게 먹을 수 있는 현대적인 요리로, 뛰어난 칼솜씨로 곱게 채 썬 닭고기 특유의 식감을 즐길 수 있다.

중국요리 / 다무라 료스케(아자부초코)

재료 2접시 분량

가슴살 100g

밑간양념
- 소금 2g
- 달걀흰자 10g
- 물 20cc
- 전분가루 조금

칭탕* 300cc

소금 2꼬집

물전분 2큰술

레몬거품**
- 레몬즙 75cc
- 미지근한 물 200c
- 대두 레시틴 4g

후추파우더***
- 레몬오일(레몬껍질 2개 분량, 다이하쿠 참기름 80cc) 25g
- 말토섹(Maltosec)**** 15g
- 흰 후추 2꼬집

* 중국햄 등을 넣고 콩소메처럼 만든 맑은 수프.
** 레몬즙, 미지근한 물, 레시틴을 섞어서 핸드블렌더로 거품을 낸다.
*** 레몬껍질과 다이하쿠 참기름을 진공팩에 넣고 진공상태로 만들어서 3일 동안 향이 배이게 둔 다음, 껍질을 건져내서 레몬오일을 만든다. 여기에 말토섹과 후추를 넣고 거품기로 잘 섞으면 파우더 상태가 된다.
**** 증점·응고제의 일종. 오일을 흡수하여 고체화, 분말화시킨다. 많이 넣을수록 농도가 점점 진해지면서 단단해진 다음, 마지막에 파우더 상태로 변한다.

1 가슴살은 껍질을 벗기고 지방과 힘줄을 제거한다. 결을 따라 가능한 한 얇게 자른다.

2 볼에 1의 가슴살과 밑간양념(전분가루 제외)을 넣어 버무린 다음, 15분 동안 간이 배이게 둔다. 전분가루를 섞는다.

3 냄비에 40℃의 미지근한 물을 넣고 2의 가슴살을 넣는다. 젓가락으로 저으면서 온도를 올린다. 70℃가 되면 40℃의 미지근한 물로 갈아서 온도가 70℃ 이상 올라가지 않게 한다. 겉면의 색이 변하면 바로 건져서 물기를 제거한다. 다시 한 번 미지근한 물에 넣고 살짝 익힌 다음 건져낸다.

4 냄비에 칭탕, 소금, 3의 가슴살을 넣고 물전분을 넣어 살짝 걸쭉하게 만든다.

5 접시에 담고 레몬거품을 올린다. 접시 가장자리에 후추파우더를 곁들인다.

먹는 방법

1 수프를 그대로 먹는다.

2 레몬거품을 섞어서 먹는다.

3 후추파우더를 넣고 섞어서 먹는다. 처음에는 심심하고 섬세한 맛의 수프이지만, 마지막에는 매운맛과 신맛이 느껴진다.

닭가슴살 숙주볶음

鶏絨銀条 지롱인탸오

닭가슴살을 가공하고 돼지 등지방을 넣어 깊은 맛과 촉촉함을 보충한 다음, 솜털이 일어난 듯한 상태로 부드럽게 볶은 요리. 등지방 대신 두부나 감자류를 넣어도 좋다. 심플하게 숙주와 조합하여 하얗게 완성한 볶음요리이다.

중국요리 / 다무라 료스케(아자부초코)

재료 만들기 편한 적당량
계융(鶏絨)
  - 가슴살 1장(250g)
  - 돼지 등지방 120g
  - 달걀흰자 1개
  - 양념
      - 소금 6g
      - 청주 40cc
      - 후추 조금
      - 고이구치 간장 3g
      - 칭탕 60cc
      - 전분가루 15g
숙주 60g
기름 적당량
소금 2꼬집
주양(→ p.139) 1/2큰술
핑크페퍼 적당량

1 계융을 만든다. 가슴살은 껍질과 힘줄을 제거하고 푸드프로세서에 넣기 적당한 크기로 자른다.

2 1, 등지방, 달걀흰자, 양념을 푸드프로세서에 넣고 골고루 섞는다.

3 전체가 잘 섞이면 볼에 옮겨 담고, 공기가 들어가게 손으로 충분히 반죽한다.

4 구멍이 있는 국자에 3의 고기를 올린 다음 다른 국자로 눌러서 구멍을 통해 끓는 물에 떨어뜨린다. 솜털이 일어난 것처럼 부드러운 상태로 만든다.

5 닭고기가 익으면 건져서 물기를 뺀다.

6 기름으로 코팅한 냄비에 머리와 뿌리를 잘라낸 숙주를 넣고 재빨리 볶는다. 5를 70g 섞은 다음 소금과 주양으로 간을 하여 완성한다. 핑크페퍼를 뿌린다.

맛술 마리네이드 닭가슴살

Petto di pollo marinato con MIKAWA MIRIN 페토 디 폴로 마리나토 콘 미카와 미린

촉촉하게 익힌 닭가슴살에 볼로티빈 퓌레를 곁들이고, 콩은 쌀과 궁합이 좋기 때문에 쌀로 만든 맛술로 가슴살에 단맛을 더했다. 곁들이는 레드와인 소스에도 맛술로 단맛을 더하여 콩이나 닭가슴살과 잘 어우러진다.

이탈리아요리 / 쓰지 다이스케(콘비비오)

재료 4인분
가슴살 1장(180g)
소금 닭고기 무게의 1%
맛술* 20g
볼로티빈(삶은 것)** 100g
브로도(→p.84) 40g
올리브유 10g
소스
├ 맛술 20g
├ 레드와인 30g
└ 소금 조금

* 찹쌀로 만든 일본 아이치현의 전통 맛술인 미카와미린(三河みりん)을 사용하였다.
** 소다를 조금 넣은 물에 볼로티빈을 담가둔다. 물을 갈아준 다음 소금과 로즈메리를 넣고 부드럽게 삶는다.

1 가슴살에 무게의 1% 분량의 소금을 뿌리고 1시간 정도 간이 배이게 둔다.

2 진공팩에 1의 가슴살과 맛술을 넣고 공기를 뺀다.

3 68℃ 컨벡션오븐(스팀모드)으로 20분 동안 익힌 다음 얼음물에 담가 식힌다.

4 삶은 볼로티빈(일부는 장식으로 남겨둔다)에 브로도와 올리브유를 넣고 믹서로 갈아서 퓌레 상태로 만든다.

5 소스를 만든다. 레드와인과 맛술을 섞고 중간 불로 졸여서 걸쭉하게 만든다. 소금으로 간을 한다.

6 접시에 퓌레를 담고 가슴살을 잘라서 올린 다음 올리브유를 뿌린다. 남은 볼로티빈과 아마란사스(분량 외)를 곁들이고 소스로 장식한다.

지부니

治部煮

가네자와의 향토요리 '지부니'는 오리고기 또는 닭고기에 전분가루를 묻혀서 끓이는 요리로, 걸쭉한 국물이 특징이다. 고기를 코팅해서 감칠맛이 살아 있고, 부드럽게 익히기 때문에 육즙이 풍부하다. 가슴살을 얇게 썰고 방망이로 두드려서 결을 끊은 다음 가열하면 부드럽게 만들 수 있다.

일본요리 / 가메다 마사히코(이후)

재료

가슴살 60g(30g×2조각)
전분가루 적당량
스다레후(すだれ麩)* 2조각
연근** 2조각
당근*** 3조각
순무**** 2개
말린 표고***** 2개
꼬투리강낭콩 4~5개
가슴살 조림국물
- 육수(→p.121) 600cc
- 맛술 100cc
- 고이구치 간장 100cc
- 물에 푼 타피오카가루 적당량
유자 적당량

* 일본의 보존식품으로 밀가루의 글루텐을 추출하여 밀가루나 떡가루를 섞은 다음 삶거나 쪄서 햇빛에 말린 것.
** 연근
둥글게 썰어서 껍질을 벗기고 식초를 넣은 끓는 물에 삶는다. 부드러워지면 찬물에 헹궈서 식힌다. 조림국물 재료(육수 800cc, 소금 3g, 우스구치 간장 100cc, 맛술 50cc)를 섞은 다음, 연근을 넣고 약한 불로 조린다.
*** 당근
막대모양으로 잘라서 물에 넣고 데친 다음 물을 따라버린다. 조림국물 재료(육수 500cc, 소금 적당량, 우스구치 간장 50cc, 맛술 10cc)를 섞은 다음 당근을 넣고 약한 불로 5분 동안 끓여서 맛이 배이게 한다.
**** 순무
6개의 면이 생기도록 껍질을 깎은 다음 쌀뜨물에 넣어 삶는다. 부드러워지면 찬물에 헹궈서 쌀뜨물을 씻어낸다. 조림국물 재료(가쓰오부시 육수 800cc, 다시마 가로세로 15cm 1장, 청주 100cc, 맛술 50cc, 우스구치 간장 80cc, 소금 적당량, 면보자기로 싼 가쓰오부시 30g)를 섞은 다음 순무를 넣고 약한 불로 15분 동안 끓여서 맛이 배이게 한다.
***** 말린 표고
물에 불린다. 조림국물 재료(버섯 불린 물 100cc, 가쓰오부시 육수 400cc, 설탕 50g, 고이구치 간장 20cc)를 섞은 다음 표고를 넣고 약한 불로 국물이 없어질 때까지 조린다.

1 닭가슴살은 결이 나눠지는 경계선에서 자른 다음 두툼한 쪽을 사용한다. 결과 반대방향으로 2mm 두께로 썬다.

2 1의 고기를 비닐랩으로 싼 다음 작은 방망이로 두드려서 결을 끊어 부드럽게 만든다. 두께가 약 반 정도가 되게 만든다.

3 타피오카가루 외의 닭가슴살 조림국물 재료를 섞어서 끓인다. 2의 가슴살에 전분가루를 묻힌 다음 조림국물에 넣고 익힌다.

4 중간에 스다레후를 넣는다. 5분 정도 끓인 다음 마지막에 물에 푼 타피오카 가루를 넣어서 농도를 조절한다. 불을 끄고 하룻밤 정도 맛이 배이게 둔다.

5 채소 종류를 조린다. 연근은 둥글게 썰고, 당근은 세로로 자르고, 순무는 6개의 면이 생기도록 껍질을 벗긴다. 불린 표고는 기둥을 잘라내고 꼬투리강낭콩은 살짝 데친다.

6 연근, 당근, 순무, 말린 표고를 각각의 조림국물에 넣고 조린다.

7 제공할 때는 가슴살, 스다레후, 채소를 그릇에 담고 걸쭉해진 가슴살 조림국물을 부어서 찜통에 찐 다음, 곱게 채 썬 유자껍질을 곁들인다.

진공팩에 넣은 닭고기는 몇 ℃에서 가열하는 것이 좋을까?
또, 가열한 다음에는 어떻게 보관해야 할까?

진공조리법이란 날것 그대로, 또는 겉면을 살짝 굽는 등의 밑처리를 한 식품을 특수필름에 넣어서 공기를 빼고 중탕이나 스팀오븐으로 가열하는 방법이다.

엄밀히 말한다면 특수필름 속은 진공이 아니며 여분의 공기가 빠져나가 압력이 줄어든 상태이다. 특수필름이 식품에 밀착되어 있기 때문에, 뜨거운 물 또는 스팀의 열이 특수필름을 통해 식품에 전달된다. 또한 진공팩 안의 기압은 60~84kpa 정도이므로 87~95℃에서 끓는다.

진공조리법과 기존의 가열법 중 어떤 방법을 사용하든 육류의 단백질은 40℃ 정도에서 변화가 시작되어 60℃ 이상이 되면 열로 인해 단단해진다. 65℃가 넘으면 조직을 지탱하는 콜라겐(단백질)이 급격하게 수축되고, 그 결과 고기는 단단해지며 육즙이 빠져나온다. 75~85℃를 넘어가면 콜라겐의 젤라틴화가 급속도로 진행되어 고기가 부드러워진다.(→p.164) 참고로 젤라틴화는 65℃ 이하에서는 거의 일어나지 않으며, 젤라틴화시키려면 시간이 오래 걸린다.

온도에 의한 변화는 다리살이든 가슴살이든 모두 같다. 즉, 진공팩에 넣은 닭고기를 가열할 때는 60~65℃로 가열해야 육즙의 유출이 억제되어 부드럽고 촉촉하게 완성되는 것이다.

중탕이나 스팀오븐으로 가열하면 최종적으로 고기 겉면과 중심 온도가 모두 끓는 물 또는 오븐 내부의 온도와 같아진다. 고기가 목표 온도에 도달할 때까지는 상당히 긴 시간이 필요하다.

식육가공판매 기준(식품위생법)에 따르면 고기의 중심 온도가 63℃인 상태에서 30분 이상 가열하면 대체로 안전하다. 실제로 진공조리 후에 급랭(90분 이내에 고기 중심 온도가 3℃)하면 5℃에서 2주 동안 보관해도 일반 세균이 조금 밖에 검출되지 않으며, 재가열후에는 세균이 전혀 검출되지 않았다는 보고가 있다.

진공조리법의 발상지인 프랑스 위생국의 기준에 따르면 3℃ 이하로 냉장하면 6일 동안(레스토랑의 경우) 보관할 수 있다. 이를 기준으로 보면 0~3℃ 냉장고에서 6~7일 정도 보관하는 것이 좋다.

맛은 냉장(5℃) 상태로 2주 동안 보관해도 조리직후와 크게 달라지지 않는다고 보고되어 있다. 냉동할 경우 미생물의 번식이 억제되기 때문에 보관기간은 냉장할 때보다 길어지지만, 냉동보관 상태에 따라 품질이 떨어질 수 있다.

예를 들어 급속냉동하지 않거나 보관 온도가 일정하지 않으면, 고기 속에 큰 얼음 결정이 생겨서 조직을 파괴하므로 식감이 나빠진다. 또한 포장필름의 미세한 구멍을 통해 냉동고 냄새가 배거나, 고기의 수분이 필름 밖으로 빠져나와 부분적으로 마르는 경우도 있다. 진공조리 후의 품질을 고려한다면 냉동보다 냉장보관(0~3℃)하는 것이 좋다.

치킨난반

チキン南蛮

치킨난반은 일본 미야자키현의 향토요리인데 지금은 전국적으로 잘 알려진 메뉴이다. 닭튀김을 새콤달콤한 양념에 담가 적신 다음, 마요네즈를 베이스로 만든 타르타르 소스를 곁들이면 맛있게 먹을 수 있다. 다리살을 사용하는 경우도 있지만 타르타르 소스를 곁들이기 때문에 여기서는 가슴살을 사용하여 담백하게 완성하였다.

일본요리 / 가메다 마사히코(이후)

재료

가슴살(껍질제거) 170g
밑간양념
┌ 청주 10cc
└ 소금, 후추 조금씩
튀김옷
┌ 달걀(큰 것) 1개
├ 박력분 15g
└ 전분가루 5g
식용유 적당량
단촛물소스
┌ 식초물(식초:고이구치 간장:물
│   =1:1:1) 70cc
├ 설탕 70g
└ 레몬조각 25g
타르타르 소스 적당량
양배추채 적당량

타르타르 소스
달걀(큰 것) 5개
양파(다진 것) 1개 분량
피클(다진 것) 75g
파슬리(다진 것) 10g
머스터드 10g
마요네즈 160g
레몬즙 50cc
흰 후추 적당량

1 가슴살은 껍질을 벗기고 밑간양념을 뿌린 다음 맛이 배도록 15분 동안 둔다.

2 1에 튀김옷 재료를 넣고 잘 섞는다.

3 160℃로 달군 기름에 2의 가슴살을 넣고 5분 동안 가열한 다음, 온도를 180℃로 올려서 겉면을 바삭하게 튀긴다.

4 단촛물소스 재료를 모두 섞어서 한소끔 끓인 다음, 갓 튀긴 3을 담갔다 꺼내서 자른다.

5 접시에 양배추채를 담고 가슴살을 올린다. 타르타르 소스를 곁들인다.

타르타르 소스

1 완숙으로 삶은 달걀을 으깬다. 양파는 물에 헹궈서 물기를 제거한다.

2 모든 재료를 잘 섞는다. 1~2 과정은 푸드프로세서로 진행해도 좋다.

피낭시에르 볼오방

Vol-au-vent à la financière 볼오방 아 라 피낭시에르

부드러운 크넬(완자), 젤라틴이 풍부한 닭 볏, 촉촉한 가슴살. 각각의 식감 차이를 즐길 수 있도록 닭
의 여러 부위를 사용하여 만든 요리를 트뤼프 향 소스로 버무려서 파이 속에 채운 클래식한 요리이다.
생크림과 달걀로 부드럽게 완성하였다.　　　　　　　프랑스요리 / 다카라 야스유키(긴자 레칸)

재료 2인분

가슴살 1장(250g)
소금 닭고기 무게의 1.2%
퐁 블랑 드 볼라유(→p.40) 300cc
그로 셀(게랑드산 굵은 소금) 적당량
크넬(완자) 60g
닭 볏* 50g
송아지 훼장** 60g
양송이(4등분) 60g
버터 15g
마데이라주 50cc
소금, 후추 적당량씩
피낭시에르 소스
　┌ 버터 10g
　├ 박력분 10g
　├ 마데이라주 50cc
　├ 농축 닭고기 육수*** 150cc
　├ 블랙 트뤼프(다진 것) 15g
　├ 트뤼프 육즙 소스 10cc
　├ 생크림(유지방 35%) 50cc
　├ 달걀 노른자 20g
　└ 머스터드 30g
파이반죽 300g
달걀노른자물 1개 분량

* 닭 볏은 끓는 소금물에 데쳐서 얇은 막을 벗긴 다음 퐁 블
랑 드 볼라유를 적당량 넣고 8시간 정도 끓인다.
** 송아지 훼장(리드보)은 끓는 소금물에 삶아서 얼음물에
담가 식힌 다음 얇은 막과 피를 제거한다.
*** 퐁 블랑 드 볼라유 350cc를 150cc로 졸인 것.

1 볼오방을 굽는다. 파이반죽을 3mm 두께로 밀어서
지름 10cm 원형틀로 동그랗게 찍어낸다. 이것을 4장
준비한다.
2 2장의 반죽 겉면에 달걀노른자물을 바르고 겹쳐
서 붙인다. 위에도 달걀노른자를 바르고 칼로 무늬를
만든다.

3 220℃로 예열한 오븐에서 20분 동안 굽는다. 윗면 가운데를 지름 6cm 정도로 파내고, 파낸 부분은 뚜껑으로 사용한다. 볼오방 완성.

4 가슴살을 익힌다. 껍질, 힘줄, 얇은 막을 제거하고 전체에 소금을 뿌린다. 냄비에 퐁 블랑 드 볼라유를 넣고 닭고기 맛이 빠져나가지 않게 그로 셀로 간을 한다.

5 퐁 블랑 드 볼라유를 68℃로 데워서 가슴살을 넣고 20분 동안 가열한 다음, 꺼내서 따뜻한 곳에 둔다.

6 피낭시에르 소스를 만든다. 냄비에 버터를 녹인 다음 박력분을 넣고 색이 변하지 않고 보슬보슬해질 때까지 볶아서 루를 만든다.

7 여기에 마데이라주를 넣어 살짝 끓이고 농축 닭고기 육수를 넣어 맛을 보충한다. 한소끔 끓으면 블랙 트뤼프와 트뤼프 육즙 소스를 넣는다.

8 볼에 생크림, 달걀노른자, 머스터드를 넣고 섞는다(A). 7을 불에서 내리고 A를 잘 섞어서 걸쭉하게 만든다. 소금과 후추로 간을 하여 소스를 완성한다.

9 5의 가슴살은 3cm 크기로 깍둑썰기하고, 닭 볏은 2cm 정도, 송아지 췌장은 1.5cm 크기로 깍둑썰기한다.

10 프라이팬에 버터 15g을 넣고 양송이를 소테한 다음 꺼내둔다.

11 송아지 췌장에 소금, 후추를 뿌리고 박력분(분량 외)을 묻힌 다음, 10의 프라이팬에 올려 노릇노릇해질 때까지 굽는다. 양송이를 다시 넣고 마데이라주를 붓는다. 살짝 졸인 다음 9의 가슴살, 닭 볏, 크넬을 넣고 8의 소스를 모두 넣는다. 소금과 후추로 간을 한다.

12 볼오방을 오븐에 넣고 따뜻하게 데워서 접시 가운데에 올린다. 11을 담고 뚜껑을 걸쳐놓는다.

크넬

재료
파나드
├ 버터 20g
├ 우유 120cc
├ 박력분 60g
└ 소금, 후추 적당량씩
가슴살(껍질 제거) 100g
달걀 25g
달걀노른자 15g
버터 15g
소금, 후추, 육두구 적당량씩

1 파나드 재료를 모두 냄비에 넣고 약한 불로 볶는다. 소금, 후추로 간을 해둔다.

2 모든 재료를 푸드프로세서로 간 다음 체에 내려 반죽을 만든다.

3 왼쪽의 과정 5에서 가슴살을 삶은 육수에 소금을 넣고 가열한 다음, 티스푼으로 반죽을 손가락한 마디 정도의 크기로 떼어서 넣고 삶는다. 위로 뜨면 익은 것이다.

파이반죽

재료
데트랑프
├ 박력분 125g
├ 강력분 125g
├ 소금 5g
└ 찬물 150cc(계절에 따라 조절)
충전용 버터 225g
덧가루(강력분) 적당량

1 데트랑프를 만든다. 가루종류를 모두 섞어서 체로 친 다음 볼에 담아둔다.

2 물을 차갑게 식히고 소금을 넣어 잘 섞는다.

3 1의 가루에 2의 찬물을 넣어 섞은 다음 작업대 위에 올려서 치대지 않고 둥글게 뭉친다.

4 윗면에 십자모양으로 칼집을 깊게 넣은 다음 비닐랩으로 싸서 냉장고에 넣고 1시간 정도 휴지시킨다.

5 냉장고에서 꺼내 칼집을 낸 부분부터 4방향으로 펴지도록 밀대로 민다.

6 충전용버터를 두드려서 사각형으로 편 다음, 데트랑프 가운데에 마름모 모양(데트랑프와 45도 어긋나게)으로 올리고 늘린 반죽을 덮어 감싼다.

7 6에 덧가루를 뿌리고 본래 길이보다 3배 정도 긴 직사각형이 되도록 밀대로 민다.

8 덧가루를 솔 등으로 털어 낸 다음 3절접기로 원래 크기로 접는다.

9 90도 돌려서 7과 같은 방법으로 밀고 8과 같은 방법으로 3절접기를 한다.

10 7~9 과정 2번이 1세트. 1세트가 끝나면 냉장고에 넣고 휴지시킨다. 3세트를 반복한다.

11 3절접기를 총 6번 한 다음 냉장고에 넣어 휴지시킨다. 필요할 때마다 꺼내서 사용한다.

식초맛 닭가슴살조림

Poulet au vinaigre 풀레 오 비네그르

조림요리에는 뼈 있는 고기를 사용해야 감칠맛이 나고 부드럽게 익는다. 이 요리에서 주의해야 할 것은 마늘을 볶는 방법이다. 마늘은 산이 있으면 잘 익지 않으므로 식초를 넣기 전에 먼저 부드럽게 볶아야 한다. 그렇지 않으면 마늘이 익을 때까지 끓여야 하는데, 그럴 경우 고기가 지나치게 익기 때문이다. 뼈 있는 고기를 사용하면 이런 점을 어느 정도 완화시켜 준다.

프랑스요리 / 다카라 야스유키(긴자 레칸)

재료

가슴살(뼈째) 2장(280g×2)
소금, 후추 적당량씩
올리브유 적당량
마늘 5쪽
토마토(큰 것) 3개
타임 5줄기
화이트와인 식초 300cc
퐁 블랑 드 볼라유(→p.40) 100cc
생크림(유지방 35%) 200cc

곁들이는 재료
┌ 순무(4등분해서 소금물로 삶은 것) 2개 분량
├ 페코로스(가로로 2등분해서 소테한 것) 4개 분량
└ 꼬투리강낭콩(소금물에 데친 것) 20개
파슬리(다진 것) 적당량

1 뼈가 있는 가슴살 양면에 소금, 후추를 뿌린다.

2 주물냄비에 올리브유를 두르고 1의 가슴살을 겉면이 노릇노릇하게 굽는다. 여기에 반으로 자른 후 싹을 제거한 마늘, 꼭지를 떼어내고 반으로 자른 토마토, 타임을 넣어 볶는다.

3 꼬치로 마늘을 찔러서 쑥 들어갈 정도로 부드러워지면 화이트와인 식초를 넣고 뚜껑을 덮는다. 25분 동안 가열하여 가슴살을 익힌다.

4 닭이 80% 정도 익으면 꺼내서 따뜻한 곳에 두고 남은 열로 익힌다.

5 냄비에 남아 있는 화이트와인 식초가 1/5 정도로 줄어들 때까지 중간 불로 끓여서, 수분을 날려보내고 맛을 응축시킨다. 퐁 블랑 드 볼라유를 넣어 살짝 끓인다.

6 국물은 체에 질러서 다른 냄비에 담고, 마늘과 토마토를 고운 체에 내려서 넣는다.

7 6에 생크림을 넣고 알맞은 농도가 될 때까지 살짝 졸인 다음 소금, 후추로 간을 한다.

8 밑손질을 한 곁들이는 재료와 4의 닭가슴살을 냄비에 넣고 잘 버무리면서 데운다. 파슬리를 뿌려서 완성한다.

9 가슴살의 뼈를 제거하고 4인분으로 나눈 다음, 곁들이는 재료와 함께 접시에 담는다.

닭가슴살, 향미채소, 민트 강황밥

越南鷄飯 웨난지판

동남아시아에는 닭고기를 사용한 요리가 많다. 여기에서는 말레이시아 등에서 많이 먹는 '닭고기 덮밥'에 민트를 곁들여서 베트남풍으로 응용한 요리를 소개한다. 베트남과 가까운 중국 서남방 지역에서는 요리에 강황을 많이 사용하기 때문에, 강황을 넣어 노란색 밥을 만들고 닭가슴살을 위에 올렸다. 가슴살은 80℃로 천천히 삶은 다음 결을 따라 손으로 찢어서 촉촉하게 완성하였다.

중국요리 / 다무라 료스케(아자부초코)

재료 2인분

가슴살 1장
붉은 양파 100g
쪽파 10g
홍심무 20g

양념
┌ 고이구치 간장 10g
├ 현미식초 10g
├ 라유 6g
├ 위루(魚露) 6g
└ 삼온당 2g

쌀 1홉
강황 1/4작은술
마늘 2쪽
민트 잎 10장

1 가슴살을 80℃ 물에 넣고 12~15분 동안 삶아서 건져낸다. 삶은 물은 그대로 보관해둔다. 가슴살이 식으면 껍질을 벗기고 결을 따라 손으로 찢는다.

2 쌀은 씻어서 30분 동안 불려놓는다.

3 1의 삶은 물 180cc에 강황을 넣고, 불려놓은 쌀을 넣어 밥을 짓는다.

4 붉은 양파는 결반대 방향으로 슬라이스하고 물에 담가서 매운맛을 제거한다. 쪽파는 5㎝ 길이로 자르고 홍심무는 5㎝ 길이로 채썬다. 마늘은 얇게 슬라이스해서 낮은 온도의 기름(분량 외)에 튀겨 마늘칩을 만든다. 기름은 마늘오일로 사용한다.

5 볼에 1의 가슴살과 4의 붉은 양파, 쪽파, 홍심무를 넣고 양념을 넣어 살짝 버무린다.

6 접시에 강황밥을 담고 5를 위에 담는다. 마늘칩과 민트 잎을 올리고, 마늘오일을 몇 방울 떨어뜨린다.

다리살과 가슴살은 몇 ℃에서 익혀야 촉촉해질까?

우리가 먹는 닭고기는 닭의 근육인데, 이 근육 조직의 구조가 가열 후의 상태를 크게 좌우한다. (그림1)

근육은 실처럼 가늘고 긴 '근섬유'라는 세포가 많이 모여서 콜라겐(단단한 단백질)으로 이루어진 얇은 막에 싸여 다발을 이루고, 그 다발이 다시 콜라겐 막으로 싸여서 큰 다발이 된 구조이다. 근육 전체는 두툼한 콜라겐 막으로 싸여 있고, 그 막의 양쪽 가장자리는 '힘줄'이라고 부르며 뼈에 붙어 있다.

구운 닭고기는 손으로 쉽게 찢을 수 있는데, 찢는 방향은 콜라겐 막으로 묶여 있는 근섬유의 방향이다.

생닭을 입에 넣으면 부드럽지만 이로 자르려면 힘이 필요하다. 즉, 생닭은 그 정도로 단단하다. 그러나 가열하면 65℃ 정도까지는 생닭일 때보다 더 부드럽고, 65℃가 넘으면 급격하게 단단해지며, 75℃가 넘으면 다시 부드러워진다. (그림2) 이런 현상은 근조직을 구성하는 단백질과 그것을 묶고 있는 콜라겐이 열에 의해 변화하기 때문이다. 근섬유의 단백질은 40℃ 정도에서 변하기 시작하고, 60℃ 정도가 되면 열에 의해 단단해진다. 근섬유가 단단해지면 이로 고기를 쉽게 자를 수 있을 정도로 부드러워진다. 65℃가 넘으면 콜라겐 막이 급격히 수축하는데, 소고기의 경우 65℃가 넘으면 콜라겐의 길이가 약 1/3로 줄어들 정도로 수축된다.

콜라겐이 수축되면 그만큼 콜라겐 막이 두꺼워지므로 고기는 단단해진다. 75~85℃가 넘으면 콜라겐이 급속도로 젤라틴화해서 고기가 부드러워진다.

고기를 촉촉하게 익히고 싶을 때 주의할 점은 중심 온도가 65℃를 초과하지 않게 익히는 것이다. 65℃가 넘으면 콜라겐이 수축되고 그 막에 싸여 있는 근조직도 수축되기 때문이다. 강하게 수축되면 근섬유 세포 안에 있는 육즙이 마치 빨래를 짤 때처럼 세포 밖으로 흘러나온다.

굽거나 찌는 과정에서 고기 겉면은 당연히 65℃가 넘기 때문에 겉면은 단단하고 퍽퍽해진다. 그래도 고기 내부의 중심 온도를 65℃ 이하로 억제하면 중심부분은 부드럽고 육즙도 남아 있다. 이렇게 되면 먹을 때 고기 전체가 부드럽고 촉촉하게 느껴진다. 이것은 가슴살, 다리살, 안심 등 부위와 상관없이 모든 고기에 해당되는 공통된 현상이다.

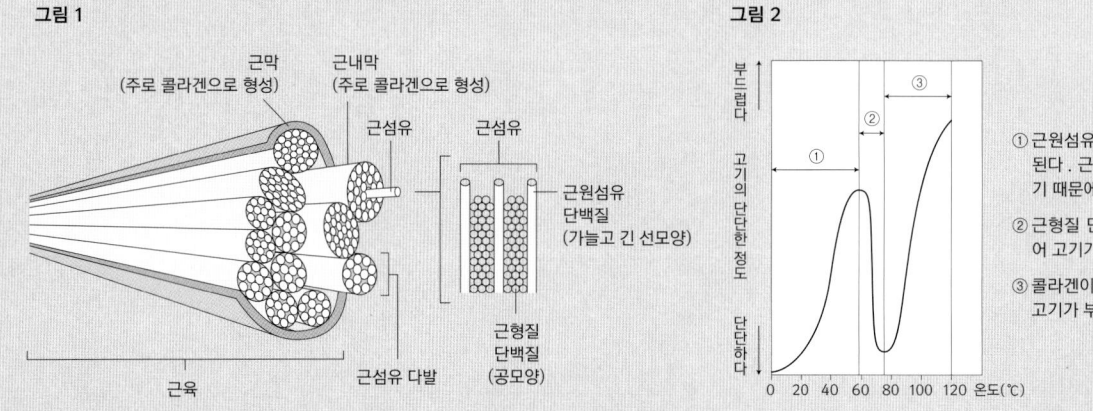

그림 1

근막
(주로 콜라겐으로 형성)

근내막
(주로 콜라겐으로 형성)

근섬유

근섬유

근원섬유
단백질
(가늘고 긴 선모양)

근형질
단백질
(공모양)

근육

근섬유 다발

그림 2

부드럽다

고기의 단단한 정도

단단하다

① 근원섬유 단백질은 열에 의해 응고된다. 근형질 단백질은 유동성이 있기 때문에 고기가 부드러워진다.

② 근형질 단백질이 열에 의해 응고되어 고기가 단단해진다.

③ 콜라겐이 열분해하여 젤라틴화해서 고기가 부드러워진다.

0 20 40 60 80 100 120 온도(℃)

안심과 무장유젤리 파르페

木姜油鷄柳 무장유지류

살짝 데친 닭고기 안심과 '무장유(木姜油)'라는 레몬 같은 향기성분이 있는 식물성 기름을 넣어 만든 젤리를 조합한 차가운 전채요리. 안심의 부드러움을 살리기 위해 식감이 다른 채소류와 잘게 부순 누룽지를 넣어서 악센트를 주었다.

중국요리 / 다무라 료스케(아자부초코)

재료

닭안심 1개

절임국물(고이구치 간장과 마오탕(→p.124)
    을 같은 비율로 섞은 것) 적당량

무장유젤리

  ┌ 맛술 25g

  ├ 우스구치 간장 20g

  ├ 칭탕(→p.153) 180cc

  ├ 판젤라틴 3g

  └ 무장유 7.5cc

오이 10g

홍심무 8g

참마 20g

누룽지 조금

국화 조금

무장유. 녹나무과의 산창자라는 나무의 씨에 함유된 기름으로, 레몬과 같은 부드러운 향이 특징이다.

1 안심은 힘줄을 제거하고 끓는 물로 데친 다음 얼음물에 담가 수축시킨다. 물기를 제거하고 절임국물에 5분 동안 담가둔다.

2 오이, 홍심무, 참마는 5㎜ 크기로 깍둑썰기한다. 누룽지는 230℃로 달군 기름에 튀긴 다음 기름기를 제거하고 잘게 부순다.

3 무장유젤리를 만든다. 맛술, 우스구치 간장, 칭탕을 섞어서 한소끔 끓인 다음 불려놓은 판젤라틴을 넣고 녹여서 얼음물 위에 올리고 식혀서 굳힌다.

4 젤리처럼 굳으면 무장유를 넣어 골고루 섞는다.

5 유리잔에 2의 채소류를 담고 4의 젤리를 적당히 얹은 다음 얇게 썬 안심을 올린다. 마무리로 누룽지와 국화, 오이, 홍심무, 참마를 올린다.

닭안심 젤리와 백도 쿨리

Gelée d'aiguillette au coulis de pêches 줄레 데퀴예트 오 쿨리 드 페슈

결이 고운 안심을 콩소메와 함께 젤리로 만든 다음, 은은한 단맛이 있는 백도 쿨리를 곁들였다. 여름철에 잘 맞는 상쾌한 느낌의 차가운 전채요리로, 흰 후추의 매운맛이 악센트가 되고 옥살리스의 신맛이 쿨리의 단맛을 부드럽게 잡아준다. 젤리로 만드는 안심은 완전히 익히지 않기 때문에, 작은 테린틀로 만들어서 만든 당일에 모두 사용하는 것이 좋다.

프랑스요리 / 다카라 야스유키(긴자 레칸)

재료 길이 16cm×너비 8cm×높이 7cm 테린틀
1개 분량 / 8인분

젤리
 ├ 안심 12개
 ├ 소금 닭고기 무게의 1%
 ├ 콩소메 드 볼라유(→p.48) 300cc
 └ 판젤라틴 15g
미뇨네트(흰 후추) 적당량
플레이키 시솔트(Flaky sea salt) 적당량
백도 콩포트 1/12개 분량
백도 쿨리 적당량
발사믹 식초* 500cc
옥살리스(Oxalis) 적당량

백도 콩포트
백도(큰 것) 6개
시럽
 ├ 물 1ℓ
 ├ 그래뉴당 220g
 └ 레몬즙 1개 분량

백도 쿨리
백도 콩포트 1개
콩포트 시럽 36cc
레몬즙 15cc
복숭아 리큐르 3~4방울

* 발사믹 식초 500cc를 트레이(가로세로 25cm, 높이 3cm)에 부은 다음 80℃ 디시 워머에 넣고 약 1.5~2일 동안 두어 자연스럽게 수분을 증발시킨다. 영업종료 후에는 냉장고에 옮겨서 보관하고, 다음날 다시 디시 워머에 넣는다. 500cc가 1/8(62.5cc) 정도로 줄어든다.

1 안심은 얇은 막과 힘줄을 제거한다. 닭고기 무게의 1% 분량의 소금을 뿌리고 30분 동안 둔다.

2 안심의 맛이 많이 빠져나가지 않도록 콩소메 드 볼라유에 소금(분량 외)을 넣고 살짝 맛을 내서 불에 올린 다음, 68℃까지 올라가면 온도를 유지한다. 여기에 안심을 몇 번에 나눠서 넣고 익힌다. 콩소메의 분량이 많으면 안심의 감칠맛이 약해지므로 주의한다.

3 남은 콩소메를 끓인 다음 불을 끄면 거품이 가라앉으므로, 윗부분의 맑은 국물을 시누아에 걸러서 볼에 담는다. 200cc는 덜어서 물에 불린 판젤라틴을 넣고 녹인다. 볼을 얼음 위에 올리고 식혀서 살짝 걸쭉하게 만든다.

4 얼음물을 채운 트레이에 테린틀을 올리고 3의 콩소메를 70cc 정도 붓는다. 80% 정도 굳힌 다음 그 위에 안심을 3줄로 올린다.

5 안심이 덮힐 정도로 콩소메를 더 붓고 80% 정도까지 굳힌다. 이 과정을 4번 반복한 다음 반나절 동안 냉장고에 넣고 굳힌다.

6 접시에 차가운 백도 쿨리를 둥근 모양으로 깔고, 5에서 완성한 젤리를 1.5cm 두께로 잘라서 올린다. 굵게 부순 흰 후추, 플레이키 시솔트를 뿌린다. 미리 졸여둔 발사믹 식초로 선을 그리고, 껍질을 벗겨서 자른 백도 콩포트와 옥살리스를 곁들인다.

백도 콩포트

1 백도는 껍질째 반으로 자른다. 백도와 시럽 재료를 모두 넣고 한소끔 끓인 다음 약한 불로 20분 동안 조린다.

2 그대로 식혀서 냉장보관한다.

백도 쿨리

1 콩포트의 껍질을 벗기고 씨를 제거한다.

2 1을 믹서에 넣고 콩포트를 끓인 시럽, 레몬즙, 복숭아 리큐르를 넣어 부드럽게 간다.

부라타치즈와 살사 페페로니 훈제안심

Pollo affumicato con burrata e salsa peperone rosso 폴로 아푸미카토 콘 부라타 에 살사 페페로네 로소

순간 훈제기로 안심을 훈제하고 밀폐용기에 연기까지 함께 담아서, 뚜껑을 열면 맛있는 훈제 향이 퍼지게 만들었다. 안심의 담백한 맛과 부라타치즈의 부드러운 맛, 그리고 구운 빨강 파프리카의 단맛이 조화를 이룬다.

이탈리아요리 / 쓰지 다이스케(콘비비오)

재료 4인분

안심 2장
부라타치즈* 1개
소금, 올리브유 적당량씩

빨강 파프리카 소스
- 빨강 파프리카 2개
- 마늘 1/2쪽
- 안초비 4마리
- 생크림 조금
- 소금, 올리브유, 물 적당량씩

* 물소젖 또는 우유로 만든 이탈리아산 프레시 치즈. 모차렐라치즈와 비슷하지만 좀 더 부드럽고 유지방이 많다.

1 안심에 1% 분량의 소금을 뿌리고 숯불로 겉면을 살짝 굽는다.

2 부라타치즈는 소금과 올리브유로 버무린다.

3 빨강 파프리카 소스를 만든다. 빨강 파프리카를 통째로 구워서 껍질을 태운 다음, 찬물에 넣고 껍질을 벗긴다. 물기를 닦고 듬성듬성 자른다.

4 냄비에 올리브유를 두르고 마늘을 볶아 향을 낸다. 여기에 빨강 파프리카, 소금, 안초비를 넣어 볶는다.

5 익으면 생크림과 물을 조금씩 넣고 약한 중간 불에 올려서 5분 정도 끓인다.

6 믹서로 갈아서 퓌레 상태의 소스를 만든다.

7 밀폐용 유리병에 6의 소스, 부라타치즈, 안심을 넣고, 훈제 연기도 함께 담은 다음 바로 뚜껑을 닫는다.

순간 훈제기로 밀폐용 유리병에 훈제연기를 충전하는 모습.

닭안심 라비올리 수프

Ravioli di pollo in brodo 라비올리 디 폴로 인 브로도

라비올리 속에 페이스트 상태의 닭안심을 넣은 베샤멜 소스를 채운 다음, 닭고기로 우려낸 브로도에 띄워서 수프로 만들었다. 이탈리아에서 크리스마스 메뉴로 자주 등장하는 파스타이다. 안심 베샤멜 소스는 라사냐 소스나 닭고기 소테의 소스로도 잘 어울린다. 이탈리아요리 / 쓰지 다이스케(콘비비오)

재료
생파스타 반죽(→p.175) 1장(가로세로 20㎝)
닭안심 베샤멜 소스 1작은술×3개 분량
수프(→p.211) 100g
올리브유 적당량

닭안심 베샤멜 소스 16인분(48개 분량)
우유 100g
버터, 박력분 10g씩
안심 3장
소금 적당량
그라나파다노치즈(가루) 30g
로즈메리(다진 것) 적당량

1 생파스타 반죽을 파스타머신에 넣고 두께 1㎜ 이하로 민다. 얇게 민 반죽 위에 닭안심 베샤멜 소스를 1작은술씩 일정한 간격으로 올린다. 분무기로 물을 뿌린 다음 반죽을 덮어 공기를 빼고, 소스 주변을 눌러서 밀착시킨다.
2 지름 6㎝ 원형틀로 동그랗게 찍어낸다.
3 끓는 소금물에 라비올리를 5분 동안 삶아서 접시에 담는다.
4 수프를 데워서 3의 라비올리에 붓는다. 올리브유를 뿌려서 완성한다.

닭안심 베샤멜 소스

1 베샤멜 소스를 만든다. 냄비에 버터를 녹인 다음 박력분을 넣고 나무주걱으로 섞으면서 천천히 볶는다. 박력분이 보슬보슬해지면 따뜻하게 데운 우유를 몇 번에 나눠서 넣고, 다시 섞어서 걸쭉하게 만든다. 소금으로 간을 한다.
2 안심은 힘줄을 제거하고 얇은 막을 벗겨서 손질한다. 여기에 안심 무게의 1% 분량의 소금을 뿌린다.
3 프라이팬에 올리브유를 두르고 2의 안심을 올려서 노릇노릇하게 굽는다.
4 안심을 푸드프로세서로 갈아서 부드럽게 만든 다음, 베샤멜 소스, 그라나파다노치즈, 로즈메리, 소금(필요할 경우)을 넣고 섞는다.

닭안심 달걀두부 맑은국

椀物 鶏ささみの玉子豆腐 완모노 도리사사미노 다마고 도후

가늘게 찢은 부드러운 안심을 넣은 달걀두부를 동그랗게 만들어서 도리다시를 베이스로 한 맑은 국물과 함께 즐긴다.

일본요리 / 가메다 마사히코(이후우)

재료

달걀두부 19㎝ 크기의 사각틀 1개 분량
- 안심(큰 것) 3개(135g)
- 도리다시(→ p.100) 600cc
- 달걀(큰 것) 9개
- 소금 5g
- 우스구치 간장 15cc
- 맛술 20cc

국물
- 도리다시(→ p.92) 150cc, 육수(→ p.121) 150cc,
  우스구치 간장, 소금 적당량씩

송이버섯 1/2개
어린 채소(순무, 무 등) 조금
핫포지(八方地)*
- 육수 600cc, 우스구치 간장 20cc, 소금 3g, 맛술 30cc,
  청주 10cc, 가쓰오부시(면보자기로 싼 것) 적당량
대파 적당량

* 재료를 섞어서 한소끔 끓인 다음 체에 거른다.

1 안심은 힘줄을 제거하고 겉면의 얇은 막을 벗긴다. 도리다시(분량 외)를 따뜻하게 데우고 안심을 넣어 완전히 익힌다. 너무 많이 익히지 않도록 주의한다.

2 안심을 곱게 찢어둔다.

3 틀 높이의 1/2 정도까지 곱게 찢은 닭안심을 채운다.

4 차갑게 식힌 도리다시 600cc에 달걀, 소금, 우스구치 간장, 맛술을 넣고 잘 섞은 다음 3에 붓는다.

5 찜기에 넣고 중간 불로 15분 동안 찐다. 약한 불로 줄여서 10분 동안 찐 다음 꺼내서 식힌다.

6 국물을 준비한다. 도리다시와 육수를 섞어서 끓이고, 우스구치 간장과 소금을 넣어 간을 한다.

7 어린 채소를 끓는 물에 담갔다 뺀 다음 핫포지에 담가둔다. 대파는 곱게 채 썰어서 물에 담가둔다.

8 5의 달걀두부를 원형틀로 찍어서 찜기에 넣고 따뜻하게 데워서 그릇에 담는다. 얇게 썰어서 국물에 살짝 적신 송이버섯과 핫포지에 담가둔 어린 채소를 올린다. 뜨거운 국물을 붓는다. 대파는 물기를 제거하고 동그랗게 뭉쳐서 올린다.

슈토소스와 닭안심 돌구이

ささみの石焼き 酒盗ソース 사사미노 이시야키 슈토소스

끓는 물에 살짝 담갔다 뺀 안심을 손님이 직접 돌판에 구워서 슈토소스를 찍어 먹는 요리. 안심은 잘 익기 때문에 빨리 구울 수 있으므로 테이블 위에서 구우면서 먹기 좋다. 부드럽고 담백한 맛이어서 개성 있는 슈토소스와 조합하였다.

일본요리 / 가메다 마사히코(이후)

재료

닭안심 60g
다시마 적당량
슈토(酒盗)소스
├ 슈토* 250g
└ 청주 250cc
레몬 2조각

* 가다랑어 내장으로 담근 젓갈.

1 안심은 힘줄을 제거하고 끓는 물에 담갔다 빼서 살짝 익힌 다음, 물기를 닦고 다시마로 싼다. 6시간 정도 냉장고에 넣어두고 감칠맛이 배이게 한다.

2 슈토소스를 만든다. 슈토와 청주를 섞어서 약한 불로 졸이다가 1/2 정도로 졸아들면 체에 내린 다음 식힌다.

3 1의 안심을 어슷하게 썰어서 접시에 담는다. 2의 슈토소스를 뿌리고 5분 정도 그대로 둔다.

4 스토브 위에 뜨겁게 달군 돌판(가스불로 달군다)을 올리고, 3의 접시와 함께 낸다. 다른 그릇에 슈토소스와 반달모양으로 자른 레몬을 담아낸다.

닭가슴살을 많이 익히면 왜 퍽퍽하고 단단해질까?
그런데 다리살은 왜 단단해지지 않을까?

오래 가열했을 때 가슴살이 다리살보다 더 퍽퍽하고 단단하게 느껴지는 것은 가슴살이 하나의 근육(대퇴근)으로 이루어진 것과 달리, 다리살은 여러 개의 근육(대퇴이두근 등)으로 이루어졌기 때문이다. 즉, 조직구조의 차이와 큰 관계가 있다.

근육은 하나하나가 두꺼운 콜라겐 막으로 싸여 있는데 그 막의 안쪽에는 지방이 없다. 즉, 하나의 근육으로 이루어진 가슴살은 지방이 붙어 있는 껍질을 벗기면 지방이 거의 없는 살코기가 된다. 반면 다리살은 껍질을 벗겨도 여러 개의 근육 사이에 지방이 존재한다. 또한 다리는 많이 움직이는 부위이므로 가슴살과 비교했을 때 근육 전체를 둘러싼 콜라겐 막이 두껍게 발달되어 있다.

닭고기를 가열하면 30~32℃에서 지방이 녹기 시작하고, 60℃가 넘으면 단백질이 열에 의해 굳기 시작하며, 65℃가 넘으면 콜라겐이 수축하여 단단해지고, 근섬유(근육이 아닌 안쪽의 조직세포→p.164) 세포 안에서 육즙이 밖으로 빠져나온다. 이러한 열에 의한 변화는 부위와 관계없이 공통적으로 일어나는 현상이다.

다리살의 경우 오래 가열해도 퍽퍽해지지 않는 이유는 ①근육 사이에 존재하는 지방이 녹아서 입안에 퍼지고, 그 부드러움으로 인해 고기의 퍽퍽함이 느껴지지 않는다. ②근육 하나하나를 감싸는 두꺼운 콜라겐 막이 세포 밖으로 빠져나온 육즙을 근육 안에 가둬두는 작용을 하기 때문에 여러 개의 근육 안쪽에 고여 있던 육즙이 입안에 퍼진다. 이 2가지를 가장 큰 이유로 들 수 있다.

안심도 가슴살과 마찬가지로 하나의 근육(소흉근)으로 이루어져 있으므로 안쪽에는 지방이 없다. 그런데 오래 가열해도 가슴살만큼 퍽퍽하게 느껴지지 않는 것은 다리살이 퍽퍽해지지 않는 이유②와 같다.

즉, 안심은 가슴살의 약 1/5 정도로 작기 때문에 입안에 넣었을 때 근육 안쪽에 고여 있던 육즙을 그대로 넣는 것과 같기 때문이다. 가슴살의 경우 다리살이나 안심이 퍽퍽해지지 않는 이유를 하나도 갖고 있지 않기 때문에, 육즙이 빠져나간 살코기의 퍽퍽함을 입안에서 그대로 느끼는 것이다.

가슴살을 가열할 때는 중심온도가 65℃를 초과하지 않도록 특별히 주의해야 한다. 또한 가슴살을 먹을 때는 지방이 많은 껍질을 함께 먹으면 지방의 부드러움으로 퍽퍽함이 덜하게 느껴질 것이다.

참고로 닭껍질을 가열하면 독특한 식감이 생기는 이유는 껍질의 주성분인 콜라겐이 껍질의 온도가 65℃를 초과했을 때 수축되는 성질 때문이다. 온도가 올라갈수록 콜라겐이 많이 수축되므로 식감은 더욱 강해진다. 100℃를 초과하면 껍질에서 수분이 증발되어 마르기 시작하므로 껍질 특유의 식감에 바삭함이 더해진다.

하카족풍 닭다리, 여주, 파인애플된장 수프

荫凤梨苦瓜鸡汤 인펑리쿠과지탕

다리살과 여주에 파인애플로 만든 발효조미료를 넣어 만든 부드러운 수프. 타이완의 하카족에게 전해지는 수프로, 이 3가지 재료가 정통 조합이다. 닭고기 대신 돼지 등갈비를 사용하는 경우도 있다. 육수가 아닌 물로 끓여서 닭고기의 감칠맛과 파인애플된장의 풍미를 심플하게 살렸다.

중국요리 / 다무라 료스케(아자부초코)

재료 2인분
다리살 200g
생강(1.5×4cm로 얇게 썬 것) 15g
여주 50g
파인애플된장 40g
구기자 열매 적당량

파인애플된장 *
파일애플 과육 2.9kg
콩누룩 400g
소금 400g
상백당 500g
잘게 썬 감초 40조각

* 타이완에는 과일로 만든 조미료가 몇 가지 있는데 파인애플된장도 그 중 하나이다. 페이스트로 만들어서 양념장이나 소스에 넣어도 좋고, 딥 등으로 이용해도 좋다.

1 다리살은 힘줄과 지방을 제거하고 4cm 크기로 토막낸다. 찬물에 넣고 삶아서, 위로 뜨는 피와 기름 등을 걷어낸다.

2 냄비에 물, 1의 다리살, 생강, 파인애플된장, 여주(세로로 2등분해서 씨를 제거하고, 3cm 길이의 반달모양으로 자른다)를 넣고 끓을 때까지 센 불로 끓인다.

3 끓으면 약한 불로 줄여서 20분 동안 끓인다. 파인애플된장만으로 간을 한다. 접시에 담고 구기자 열매를 곁들인다.

파인애플된장

1 콩누룩에 소금, 상백당, 잘게 썬 감초를 섞는다.

2 파인애플을 1cm 두께로 잘라서 용기에 담고 1을 사이사이에 넣으면서 파인애플을 몇 겹으로 겹쳐 쌓는다.

3 비닐랩을 씌워 상온에서 2주 정도 발효시킨 다음, 냉장고에 넣고 1개월 동안 숙성시킨다. 그동안 주 1회 정도 섞어주고, 파인애플이 액체와 잘 섞여서 윤기가 나면 완성.

닭다리살 트론케티

Tronchetti di pollo 트론케티 디 폴로

트론케티는 '작은 그루터기'라는 의미의 이탈리아어이다. 여기에서는 이름 그대로, 닭다리살을 넣은 라구를 얇게 민 생파스타로 말아서 그루터기 모양을 만들었다.

이탈리아요리 / 쓰지 다이스케(콘비비오)

재료
생파스타 반죽 1장(20×30cm)
닭다리살 라구 50g
주키니소스 15cc
토마토, 주키니(모두 깍둑썰기) 조금씩
마조람 조금

생파스타 반죽
중력분 400g
세몰리나 밀가루 125g
달걀흰자 260g
물, 올리브유, 소금 적당량씩

닭다리살 라구
다리살 1장(150g)
소금 적당량
올리브유 적당량
소프리토(→p.90) 20g
레드와인 20cc
토마토소스(→p.90) 15cc
로즈메리 1줄기
렌즈콩(삶은 것) 1큰술

주키니 소스
주키니 1개
마늘(으깬 것) 1/4쪽
올리브유 20g
소금 적당량

1 생파스타 반죽을 파스타머신에 넣고 두께 1mm 이하로 민다.

2 끓는 소금물에 1의 파스타를 삶는다. 얼음물에 담가 식히고 물기를 제거한다. 10×30cm 크기로 네모나게 자른다.

3 2의 파스타로 닭다리살 라구를 말아서 3cm 길이로 자른다. 7개를 준비한다.

4 3의 파스타를 세워놓고 그 주변을 3cm 두께의 띠모양으로 자른 파스타로 둘러준다.

5 접시에 주키니 소스를 담고 4를 올린다. 주변에 살짝 데친 주키니, 토마토, 마조람, 올리브유를 조금씩 올린다.

생파스타 반죽

1 생파스타 재료를 모두 볼에 넣고 잘 반죽하여 한 덩어리로 만든 다음, 냉장고에 넣고 하룻밤 휴지시킨다. 시간이 지나면 글루텐이 약해져서 반죽이 한 덩어리로 잘 뭉쳐진다.

닭다리살 라구

1 다리살에 소금을 뿌리고, 올리브유를 두른 프라이팬에 껍질쪽부터 바삭하게 구워서 노릇노릇하게 만든다.

2 여기에 소프리토, 레드와인, 토마토소스, 로즈메리, 렌즈콩, 그리고 재료가 잠길 정도의 물을 붓고, 약한 중간 불로 1시간 정도 끓인다. 국물이 졸아들면 물을 적당히 넣어준다.

3 부드럽게 익힌 다리살을 곱게 다진다.

주키니 소스

1 냄비에 올리브유와 마늘을 넣고 볶아서 향을 낸다.

2 향이 나면 둥글게 썬 주키니를 넣고 볶다가 소금으로 간을 한다. 갈색으로 변하기 직전에 불을 끄고 믹서로 갈아서 부드러운 소스를 만든다.

닭고기 만두

鶏まんじゅう 도리만주

닭다리살을 일본식 돼지고기 장조림인 부타카쿠니풍으로 매콤달콤하게 조려서 속을 채운 감자만두. 만두피는 토란과 감자를 섞어서 만들었다. 토란으로만 피를 만들면 찰기가 너무 강해서 서로 들러붙기 때문에, 남작 품종의 감자를 섞어서 먹기 좋게 만들었다.　　일본요리 / 가메다 마사히코(이후)

재료 만들기 편한 적당량

다리살 1kg

조림국물
- 물 1.3ℓ
- 탄산수 200cc
- 고이구치 간장 150cc
- 설탕 80g
- 다마리 간장 30cc
- 쪽파, 생강껍질 적당량씩

만두피
- 쪄서 체에 내린 토란 3
- 쪄서 체에 내린 감자 1

고운 쌀가루, 식용유 적당량씩

긴안(銀あん→p.204) 적당량

1 다리살을 정강이살 1조각과 넓적다리살 2조각으로 나눈다. 껍질이 아래로 향하게 프라이팬에 올려 익힌다. 기름을 빼고 노릇노릇하게 굽는다.

2 1의 다리살을 압력솥에 넣고 조림국물 재료를 모두 넣어 30분 동안 끓인다. 탄산수를 넣는 것은 고기를 부드럽게 만들기 위해서이다.

3 다리살이 부드럽게 익으면 한 김 식힌다.

4 만두피를 만든다. 토란과 감자는 각각 쪄서 체에 내린 다음, 비율대로 넣고 나무주걱으로 잘 섞는다. 1개가 65g이 되도록 나눠서 둥글게 뭉친다.

5 3의 다리살을 1개당 15g으로 잘라서 나눈다. 4의 만두피를 평평하게 만든 다음 다리살 1개를 올려서 싼다. 동그랗게 빚어서 고운 쌀가루를 묻힌 다음 비닐랩으로 싼다.

6 비닐랩을 씌운 채로 전자레인지에 넣고 40초 동안 돌려서 따뜻하게 데운 다음, 180℃ 기름에 넣고 5분 동안 튀긴다. 위로 떠오르면 건져낸다.

7 접시에 담고 뜨거운 긴안을 뿌린다.

닭고기 찹쌀말이찜

豊年蒸し 호넨무시

얇게 펼친 다리살에 찹쌀가루를 올리고 말아서 찐 다음, 속에 있는 찹쌀까지 맛이 배도록 약한 불로
천천히 익힌다. 쫄깃한 찹쌀가루는 가슴살보다 지방이 있어서 감칠맛이 좋은 다리살과 잘 어울린다.

일본요리 / 가메다 마사히코(이후)

재료

다리살 150g
찹쌀(찐 것)* 60g
조림국물
├ 육수 1ℓ
├ 설탕 80g
├ 고이구치 간장 20cc
└ 청주 10cc
소송채 적당량
핫포지(八方地)
├ 육수 600cc
├ 우스구치 간장 20cc
├ 소금 3g
├ 맛술 30cc
├ 청주 10cc
└ 가쓰오부시(면보자기로 싼 것) 적당량
유자 적당량

* 찹쌀은 하룻밤 물에 담가두었다가 체에 건진 다음 거즈로 싸서 1시
간 정도 찐다. 완성 직전에 소금을 조금 넣은 청주를 뿌린다.

1 다리살은 세로로 2등분한다. 이것을 다시 좌우로 갈라
펼쳐서 두께를 고르게 만든다.
2 다리살을 펼치고 막대모양으로 뭉친 찹쌀을 올려서 만
다. 연줄로 묶고 면보자기로 싼 다음 김발로 모양을 잡아준
다. 찜기에 넣고 센 불로 25분 동안 찐다.
3 2를 잘라서 섞어놓은 조림국물에 넣고 속에 넣은 찹쌀까
지 맛이 배도록 약한 불로 1시간 정도 익힌다. 냄비에 넣은
채로 식혀서 맛이 배게 한다.
4 제공할 때는 찜기로 따뜻하게 데워서 접시에 담은 다음,
데쳐서 핫포지에 담가둔 소송채를 곁들이고 유자를 채썰어
서 올린다.

닭다리살과 밤을 넣은 춘권

栗子鷄春卷 리쯔지춘쥐안

중국에서 많이 먹는 닭고기 밤조림을 응용하여 만들었다. 보통 춘권의 소는 걸쭉하지만 여기에서는 닭고기와 밤의 맛을 제대로 느낄 수 있도록 걸쭉하게 만들지 않았다. 대신 조림국물을 걸쭉하게 만든 다음 소스로 곁들였다. 고온에서 튀기면 춘권피가 바로 갈색으로 변해서 바삭해지기 전에 건져내게 되므로 식감이 떨어진다. 튀길 때는 반드시 저온에서 튀기기 시작한다.　　　중국요리 / 다무라 료스케(아자부초코)

재료 8개 분량
다리살 2장
밤조림* 8알
밤 적당량
춘권피 8장
조림양념
　┌ 마오탕(→p.124) 400cc
　├ 장유고(醬油膏→p.142) 10g
　├ 사오싱주 10g
　├ 고이구치 간장 20g
　└ 삼온당 20g
식용유 적당량

*밤 20알은 겉껍질과 속껍질을 벗긴다. 물 500cc, 계화진주(桂花陳酒) 130cc, 소금 1/2작은술, 계장 15cc, 얼음설탕 230g을 넣고 끓인 다음, 밤을 넣고 30분 동안 약한 불로 조린다. 조림국물과 함께 이틀 동안 재운 다음 사용한다.

1 다리살에 칼을 넣어 힘줄을 제거한다. 냄비에 물을 붓고 다리살을 넣어 삶는다. 거품을 걷어내고 트레이에 옮긴다.
2 다른 냄비에 조림양념을 넣고 끓인다. 이것을 1의 트레이에 붓고 나무찜통에 넣어 30분 동안 찐다.
3 불에서 내리고 반나절 정도 그대로 조림국물에 담가두어서 맛이 배이게 한다.
4 밤조림은 1알을 2~3등분한다. 3의 다리살은 4cm 막대모양으로 자른다.
5 춘권피에 다리살 3~4조각과 밤조림 1개 분량을 넣고 만다. 150℃ 기름에 노릇하게 튀긴다.
6 3의 조림국물을 냄비에 담아 반으로 줄어들 때까지 졸인다.
7 밤은 겉껍질과 속껍질을 벗겨 얇게 슬라이스하고, 물에 담가서 갈변을 막는다.
8 저온의 기름(100℃)에 밤을 넣고 천천히 가열한 다음, 마지막에 고온으로 올려서 바삭하게 튀겨 밤칩을 만든다.
9 접시에 춘권을 담고 밤칩과 6의 조림국물을 곁들여낸다.

닭다리살 스피에디노

Pollo allo spiedino 폴로 알로 스피에디노

스피에디노는 토스카나 지방에서 시작된 꼬치요리로 주로 이탈리아 소시지인 살시차나 채소 등으로 만들지만, 여기에서는 생햄에 닭다리살을 넣고 말아서 닭고기에 생햄의 짭짤한 맛과 감칠맛을 더하였다. 또 숯불로 구워서 기름기는 빼고 고소한 향을 더했다. 이탈리아에서는 이렇게 고기나 해산물에 가공육의 감칠맛을 첨가하는 방법을 자주 사용한다.　　이탈리아요리 / 쓰지 다이스케(콘비비오)

재료　6인분

다리살 1장(150g)

소금 조금

생햄 6장

붉은 양파 1개

붉은 양파 마리네이드액

  ├ 레드와인 식초 80g

  ├ 소금 4g

  ├ 설탕 40g

  ├ 로즈메리 1줄기

  └ 물 400g

포카치아(→ p.210) 12조각

세이지 잎 12장

리크 소스 적당량

리크 소스

리크 1대

올리브유 적당량

소금 적당량

1　다리살은 한입크기로 잘라서 소금을 뿌리고, 생햄으로 만다.

2　붉은 양파를 반달모양으로 잘라서 물에 담갔다 건져낸다. 마리네이드액 재료를 냄비에 넣고 한소끔 끓인 다음, 붉은 양파를 넣고 2분 동안 끓인다. 그대로 식힌다.

3　포카치아, 2의 붉은 양파, 1의 다리살, 세이지, 포카치아, 붉은 양파, 세이지, 다리살 순서로 꼬치에 꽂는다.

4　숯불로 천천히 굽는다. 접시에 담고 리크 소스를 곁들인다.

리크 소스

1　냄비에 올리브유를 두르고 듬성듬성하게 썬 리크와 소금을 조금 넣은 다음 단맛이 나오도록 천천히 익힌다.

2　1을 믹서에 넣고 갈아서 부드러운 소스를 만든다.

황금소스 닭다리살

Pollo dorato 폴로 도라토

닭고기와 궁합이 좋은 레몬을 넣고 요리한 토스카나 지방의 요리. 소테한 다리살에 달걀노른자와 레몬즙을 넣어서 소스도 함께 완성한다.   이탈리아요리 / 쓰지 다이스케(콘비비오)

재료 2인분
다리살 1장(150g)
소금, 올리브유 적당량씩
화이트와인 30g
브로도(→p.84) 100g
달걀노른자 2개 분량
레몬즙 15g
금박 적당량

1 다리살 양면에 소금을 뿌린다.
2 프라이팬에 올리브유를 두르고 달군 다음 다리살을 껍질 쪽부터 굽는다.
3 노릇노릇해지면 뒤집어서 고기쪽이 살짝 하얀색으로 변하면 화이트와인을 넣고 센 불로 가열해서 알코올을 날린다. 브로도를 넣어 6~7분 동안 살짝 끓인다.
4 볼에 달걀노른자와 레몬즙을 넣어 잘 섞는다.
5 3의 브로도가 졸아들면(어느 정도 수분이 남아 있는 상태), 4의 달걀노른자를 넣고 섞으면서 약한 불로 걸쭉하게 만든다.
6 접시에 담고 위에 금박을 뿌려서 장식한다.

무화과를 채운 매운맛 닭다리 구이

Cuisse de poulet et figue rôti aux épices 퀴스 드 풀레 에 피그 로티 오 에피스

이 요리는 맛은 부드럽지만 다리살의 특징이 살아 있는 영계를 사용하는 것이 좋다. 다리살을 구운 프라이팬에 눌어붙은 육즙을 쥐 드 볼라유로 녹여서 졸인 걸쭉한 소스를 사용했기 때문에, 생라임과 향신료를 곁들여서 산뜻하게 완성하였다. 　　　　　프랑스요리 / 다카라 야스유키(긴자 레칸)

재료 2인분

영계 다리살(뼈째) 2개(150g×2)
에샬로트(다진 것) 40g
반건조 무화과(1㎝ 크기로 깍둑썰기) 1개 분량
크레핀 적당량
소금, 흰 후추 적당량씩
올리브유 적당량
쥐 드 볼라유(→p.45) 50㏄
라임즙 몇 방울

혼합 향신료*
├ 커민(알갱이)
├ 마니게트**(알갱이)
├ 육두구(가루)
├ 가람마살라(가루)
└ 코리앤더(알갱이)
곁들이는 재료
├ 쿠스쿠스*** 조금
├ 라임 1/2개 분량
└ 크레송 샐러드**** 적당량

* 모든 재료를 잘 섞어둔다.
** 카르다몸 향과 비슷한 생강과 식물의 씨.
*** 쿠스쿠스(세몰리나)와 같은 양의 뜨거운 물에 사프란(분말)을 조금 넣고 쿠스쿠스를 넣어 불린다.
**** 크레송 잎을 비네그레트에 버무린다.
비네그레트: 다진 에샬로트 30g, 소금 10g, 흰 후추 2g, 머스터드 15g을 거품기로 잘 섞은 다음, 사과 식초 70㏄와 레드와인 식초 70㏄를 넣어 살짝 섞는다. 여기에 식용유 750㏄와 올리브유 120㏄를 섞은 것을 조금씩 흘려 넣으면서 거품기로 섞어서 유화시킨다.

1 닭다리 안쪽(껍질쪽이 아닌 살쪽)에 넙다리뼈를 따라 칼을 넣어 칼집을 낸다. 넓적다리와 정강이 사이의 관절보다 조금 위쪽(넓적다리쪽)에서 넙다리뼈를 잘라낸다.

2 정강이살을 잘라서 정강뼈가 잘 보이게 만든다. 정강이살은 칼로 두드려서 다진다.

3 2의 다짐육에 에샬로트, 소금, 반건조 무화과를 넣어 섞는다.

4 1에서 뼈를 빼낸 부분에 소금과 흰 후추를 뿌린 다음 3을 넣고 살로 덮어준다. 크레핀으로 싸서 모양을 만든다.

5 올리브유를 두른 프라이팬에 올려서 크레핀 전체가 골고루 노릇노릇해지게 굽는다.

6 5를 트레이에 담고 혼합 향신료를 뿌려 110℃ 컨벡션 오븐(스팀 30%)에서 5분 동안 굽는다. 오븐에서 꺼내 따뜻한 곳에 2~3분 동안 두고 온도를 유지한다.

7 다리살을 구운 5의 프라이팬에 쥐 드 볼라유, 라임즙, 혼합 향신료 1꼬집을 넣고 살짝 졸여서 소스를 만든다.

8 쿠스쿠스와 혼합 향신료를 접시 가운데에 뿌리고, 6의 다리살, 크레송 샐러드, 라임을 올린다. 소스를 뿌린다.

닭다리살과 달팽이 크로켓

Composition de cuisse de poulet et croquette d'escargot

콩포지숑 드 퀴스 드 풀레 에 크로켓 데스카르고

닭고기에는 파슬리와 마늘이 잘 어울린다. 크로켓에 사용한 에스카르고 버터와 가지 퓌레의 맛이 잘 어우러지도록 퓌레에 마늘을 넣고, 이탈리안파슬리로 장식해서 닭고기 소테, 크로켓, 쿨리가 조화를 이루게 플레이팅했다. 달팽이에는 가슴살의 담백함보다 다리살의 강한 맛이 더 잘 어울린다. 달팽이 대신 대합을 사용해도 좋다.

프랑스요리 / 다카라 야스유키(긴자 레칸)

재료 4인분

다리살 1장(220g)

소금 닭고기 무게의 1%

흰 후추 적당량

올리브유 적당량

버터 적당량

달팽이 크로켓 8개

에스카르고버터* 적당량

가지 퓌레 15g×4

콩소메 소스 조금

겉들이는 재료

┌ 그린아스파라거스(소금물에 데친 것) 4개

└ 이탈리안 파슬리 16장

달팽이 크로켓

달팽이(삶은 것) 8개

에스카르고버터 적당량

박력분, 달걀물, 빵가루(건조·고운 것) 적당량씩

식용유 적당량

가지 퓌레

가지 2개

마늘(슬라이스) 1쪽

올리브유 120cc

소금 적당량

콩소메 소스

콩소메 드 볼라유(→ p.48) 120cc

레몬 식초 6g

소금 적당량

* 재료(버터 1㎏, 다진 에샬로트 60g, 다진 마늘 50g, 다진 파슬리 100g, 소금 15g, 아몬드파우더 10g)를 모두 섞어서 푸드프로세서로 간다. 100g 정도씩 원기둥 모양으로 만든 다음 비닐랩으로 싸서 냉장보관한다.

1 다리살 양쪽 면에 소금과 흰 후추를 뿌린다. 프라이팬에 올리브유를 두르고 달군 다음, 껍질쪽부터 약한 불로 굽는다. 센 불로 구우면 살이 수축되므로 주의한다. 색깔이 변하지 않고 데우는 정도로만 굽는다.

2 철망 위에 올린 다음 90℃ 스팀컨벡션오븐(스팀 30%)에 넣고 4분 동안 굽는다. 철망을 사용하면 살이 달궈진 팬에 직접 닿지 않아서, 오븐 안에 떠 있는 상태로 전체를 골고루 부드럽게 익힐 수 있다.

3 다리살을 뒤집어서 따뜻한 곳에 두고 4분 동안 휴지시킨다.

4 다시 껍질이 위를 향하게 놓고 2와 같은 오븐에서 3분 동안 익힌다. 오븐에서 꺼내 뒤집고 3분 정도 따뜻한 곳에서 휴지시킨다.

5 올리브유와 버터를 조금씩 프라이팬에 넣고 다리살을 올려서 전체가 골고루 노릇노릇해지게 굽는다. 고기 안의 육즙이 안정되면 잘라서 분리한다.

6 접시 위에 에스카르고버터를 조금씩 2곳 정도 발라놓고 그 위에 크로겟을 올린다. 자른 다리살을 담고 가지 퓌레를 곁들인다. 그린 아스파라거스, 이탈리안 파슬리를 중간중간에 올리고 콩소메 소스를 뿌린다.

달팽이 크로켓

1 달팽이 겉면에 에스카르고버터를 바르고 박력분을 뿌린 다음, 달걀물, 빵가루 순서로 묻혀서 둥글린다. 160℃ 기름에 넣고 천천히 튀겨낸다.

가지 퓌레

1 가지는 꼭지를 떼고 껍질을 벗겨서 듬성듬성 자른다.

2 냄비에 올리브유를 두르고 가열한 다음 가지와 마늘을 넣고 중간 불로 천천히 볶는다. 소금으로 간을 한다.

3 뚜껑을 덮고 180℃ 오븐에서 7~8분 정도 가열한다. 가지, 마늘, 올리브유를 믹서에 넣고 갈아서 페이스트 상태로 만든다. 소금으로 간을 한다.

콩소메 소스

1 콩소메 드 볼라유를 냄비에 넣고 반으로 줄어들 때까지 졸인다. 걸쭉해지면 레몬 식초를 넣고 소금으로 간을 맞춘다.

간소스 닭다리살 구이

Pollo arrosto con salsa fegato 폴로 아로스토 콘 살사 페가토

닭다리에서 뼈를 제거하고 소금과 그라나파다노치즈로 맛을 낸 포르치니를 채워서 구웠다. 판체타로
감칠맛을 더하고 레몬으로 산뜻하게 완성한 간소스를 곁들인다.

이탈리아요리 / 쓰지 다이스케(콘비비오)

재료 2인분
다리살(뼈째) 2개
소금 닭고기의 무게 1%
포르치니 소테* 60g
올리브유 적당량
간 소스
미뇨네트(검은 후추) 적당량

* 포르치니는 깍둑썰기해서 올리브유로 소테하고 소금, 그라나파다
노치즈(가루)로 간을 한다.

간소스 2인분

닭간 200g	화이트와인 20g
판체타(이탈리아식 베이컨) 100g	올리브유 적당량
소프리토(→ p.90) 20g	소금 적당량
우유 500g	레몬즙 20g
	버터 15g

1 다리살은 넙다리뼈를 제거하고 닭고기 무게의 1% 분량
의 소금을 뿌린다.
2 소금이 스며들면 다리살에 포르치니 소테를 채우고,
180℃ 오븐에 10분 동안 굽는다.
3 접시에 구운 다리살을 담고 간 소스를 얹는다. 미뇨네트
와 올리브유를 뿌린다.

간소스

1 간을 손질하여 하룻동안 우유에 담가둔다.
2 올리브유를 냄비에 두르고 1의 간과 작게 깍둑썰기한 판
체타, 소프리토를 넣어 중간 불로 볶는다.
3 간이 익으면 화이트와인을 넣고 센 불로 키워서 알코올
을 날린다.
4 마지막에 레몬즙을 넣고 버터를 녹여서 걸쭉하게 만든
다. 소금으로 나머지 간을 한다.

닭고기를 가열하는 속도와 감칠맛은 어떤 관계가 있을까?

닭고기는 천천히 익힐 때(이하 완만가열)와 빠르게 익힐 때(이하 급속가열) 감칠맛이 증가하는 방식이 다르다.

닭고기의 맛은 감칠맛 성분인 이노신산, 글루타민산의 양과 큰 관련이 있다. 또한 펩티드(아미노산이 2개 이상 결합된 것)도 감칠맛을 느끼는 데 영향을 준다. 펩티드 자체에는 아무런 맛이 없지만 고기의 맛을 부드럽게 해주거나 감칠맛을 강하게 느끼게 해주는 작용을 하는 것이다. 고기를 가열하면 이노신산은 감소하지만 글루타민산과 펩티드는 증가한다.

생고기에는 이노신산과 글루타민산이 많이 함유되어 있는데, 가열하면 이노신산은 효소작용에 의해 분해되기 때문에 시간이 지나면 감소한다. 이노신산 분해효소에는 2종류가 있는데, 효소가 활동을 하지 못하는 온도는 각각 50℃와 70℃이다. 그런데 글루타민산의 경우에는 가열하면 단백질 분해효소의 활동으로 가열하기 전보다 더 증가한다. 이 효소는 40℃에서 활발하게 활동하고 60℃ 이상이 되면 활동이 줄어든다. 또한 펩티드는 60℃ 정도에서 많이 만들어진다.

고기를 완만가열하면 이노신산이 분해되는 온도를 통과하는 시간이 길어지기 때문에 이노신산의 양은 감소하지만, 단백질 분해는 계속 진행되어 글루타민산과 펩티드의 양은 증가한다. 반대로 급속가열하면 이노신산이 분해되는 온도를 재빨리 통과하기 때문에 이노신산은 많이 남아 있지만, 단백질 분해가 억제되어 글루타민산과 펩티드의 양은 크게 증가하지 않는다. 완만가열과 급속가열에서 감칠맛 성분이 증가하는 방식이 서로 반대인 것이다. 또한, 지금까지의 연구에 의하면 글루타민산의 증가량은 급속가열과 완만가열에서 큰 차이가 없지만, 이노신산은 급속가열일 때 현저히 많아진다는 보고가 있다. 이를 종합해보면 닭고기를 가열할 때는 글루타민산의 양에 관계없이 60℃ 근처까지는 온도를 빠르게 상승시켜 이노신산이 많이 남아 있게 한 다음, 그 이후에는 천천히 가열하여 펩티드를 증가시키면 감칠맛 성분이 증가한다는 것을 알 수 있다.

고기의 온도를 조절할 때는 화력조절뿐 아니라 고기 조직의 열전도 속도도 고려해야 한다. 가슴살과 다리살일 경우 껍질의 유무와 뼈의 유무에 따라 열전도 속도가 달라진다. 열전도 속도를 고기 · 지방 · 뼈로 나누어 비교했을 때, 고기가 가장 빠르고, 지방은 고기의 절반 정도이며, 뼈는 지방과 같거나 지방보다 조금 느리다. 따라서 껍질이 있는 고기일 경우, 고기 안쪽에서 열이 전달되는 속도는 빠르지만 지방이 많은 껍질에서 열이 전달되는 속도는 느리다. 뼈가 있는 고기의 경우, 뼈 주변 고기의 열전도 속도가 느린데다 같은 양의 고기일지라도 뼈가 있는 쪽이 뼈가 없는 쪽보다 약 1.4배 무겁기 때문에 그만큼 온도가 상승하기 어렵다.

뼈가 없고 껍질이 있는 고기를 프라이팬에 구울 경우, 감칠맛을 강하게 내기 위해서는 먼저 고기쪽이 아래로 오게 놓고 구워서 고기의 온도를 어느 정도 높인 다음, 뒤집어서 껍질쪽을 굽는 것이 좋다. 이렇게 하면 고기의 온도는 가열이 시작되면서 빠르게 상승하고, 뒤집은 다음에는 껍질의 열전도 속도가 느리기 때문에 껍질쪽을 굽는 동안 고기의 온도상승이 느려진다. 뼈가 있는 경우에도 감칠맛을 상승시키려면 같은 방법으로 구우면 된다. 단, 굽는 시간은 뒤집기 전과 후 모두 길게 잡아야 한다. 뼈 주변의 고기는 온도상승이 느려서 그 부위의 이노신산이 줄어들 수 있기 때문이다. 그렇지만 65℃ 이하에서 천천히 가열하면 뼈 주변 고기의 펩티드가 증가하여 감칠맛이 증가할 것이다.

양 상 추 닭 다 리 살 구 이

Pollo arrosto con puré di patate 폴로 아로스토 콘 푸레 디 파타테

얇게 펼친 닭다리살로 소테한 양상추와 크루통을 말아서 구운 요리. 맛있는 닭고기 육즙이 듬뿍 배어 있는 크루통을 맛볼 수 있다. 이탈리아에서는 이렇게 빵에 육즙이 스며들게 만들어서 먹는 경우가 많다. 이 요리는 토스카나 지방의 요리를 응용한 것이다. 소박한 이미지를 표현하기 위해 대나무숯을 넣은 빵가루를 흙처럼 보이게 장식하여 완성하였다.

이탈리아요리 / 쓰지 다이스케(콘비비오)

재료 4인분
다리살 1장(150g)
소금 닭고기 무게의 1%
속재료
┌ 양상추(채썬 것) 1/8개
├ 마늘(다진 것) 1쪽
└ 올리브유, 소금 적당량씩
크루통* 8큰술
올리브유 적당량
감자 퓌레 적당량
대나무숯을 넣은 검은 빵가루** 적당량
꾀꼬리버섯 16~20개
페코로스 4개
어린잎채소 조금

감자 퓌레
감자 1개
버터 1큰술
우유 50g
소금 적당량

* 포카치아를 작게 깍둑썰기하고 100℃ 오븐에서 30분 동안 말리면서 굽는다.
** p.210 포카치아의 배합에 대나무숯가루를 조금 섞어서 굽는다. 잘라서 100℃ 오븐에 넣고 30분 동안 말린 다음 믹서로 갈아서 체에 내린다.

1 다리살을 얇게 펼치고 무게의 1% 분량의 소금을 전체적으로 뿌려서 1시간 정도 둔다.
2 속재료를 만든다. 올리브유를 두른 프라이팬에 마늘을 볶아 향을 낸 다음 양상추를 볶는다. 소금으로 간을 하고 수분을 날린다.
3 1의 다리살에 크루통과 속재료를 올려서 말고 연줄로 묶는다.
4 프라이팬에 올리브유를 두르고 달군 다음 다리살을 굽는다. 겉면이 골고루 노릇노릇해지도록 굴려가며 굽는다.
5 180℃ 오븐에 프라이팬을 넣고 10분 동안 가열하여 전체를 고르게 익힌다.
6 오븐에서 꺼내 연줄을 자르고 둥글게 4등분한다.
7 접시에 감자 퓌레를 깔고 대나무숯 빵가루를 뿌려서 덮는다. 그 위에 다리살을 담고, 구운 페코로스와 꾀꼬리버섯을 곁들인다. 어린잎채소를 올리고 올리브유를 두른다.

감자 퓌레
1 감자는 껍질째 소금물에 삶은 다음 껍질을 벗겨서 체에 내린다.
2 냄비에 넣고 불에 올려서 버터, 우유, 소금을 넣고 재빨리 섞는다.

우롱차잎 훈제 정강이살

茶燻鷄 차쉰지

닭고기를 차나 쌀로 훈제하는 전통요리를 저온가열이라는 현대적인 기술로 만드는 레시피를 소개한다. 기름을 끼얹어서 익히는 튀김요리는 껍질은 바삭하지만 고기를 알맞게 익히기는 어려울 수 있다. 이 요리에서는 고기를 촉촉하게 완성하기 위해 미리 진공팩에 넣어 저온가열한 다음 훈제하고, 껍질에 저온의 기름을 끼얹어 바삭하게 튀겼다.

중국요리 / 다무라 료스케(아자부초코)

재료

다리살(뼈째) 2개(250g×2)

밑간양념
- 물 500cc
- 소금 10g
- 삼온당 6g
- 우롱차 잎 2g

훈제재료
- 우롱차잎 8g
- 굵은 설탕 10g
- 산초열매 1g

식용유 적당량

고구마* 2개

은행** 8알

* 알루미늄포일로 싸서 230℃ 오븐에 넣고 20분 동안 가열하여 군고구마를 만든다.
** 껍질을 벗기고 120℃ 기름에 튀긴 다음 미지근한 물로 씻어서 속껍질을 벗긴다. 160℃ 기름에 튀긴다.

1 밑간양념 재료를 모두 섞어서 가열한다. 끓으면 뚜껑을 덮고 식힌 다음, 다리살을 뼈째로 담가놓고 하루 정도 둔다.

2 다리살을 꺼내 진공팩에 넣고 공기를 뺀다. 68℃ 물에 넣고 30분 동안 가열하여 익힌다. 팩에 넣은 채로 얼음물에 넣고 식힌다.

3 식으면 팩에서 꺼내고 수분을 닦아낸다.

4 중화냄비에 알루미늄포일을 깔고 훈제재료를 넣은 다음 철망을 올린다. 껍질이 위로 향하게 3의 닭다리를 올린다.

5 뚜껑을 덮고 약한 불로 7~8분 동안 훈제한 다음, 불을 끄고 그대로 3분 동안 뜸을 들인다.

6 선풍기 등으로 바람을 일으켜서 껍질을 말리고 수분을 모두 증발시킨다.

7 껍질이 마르면 140℃ 기름에 넣고 천천히 가열하여 껍질을 바삭하게 튀긴다.

8 볶아서 물기를 없앤 우롱차잎을 질냄비에 넣고 철망을 올린다. 다리살, 군고구마, 은행을 철망 위에 올리고 은행잎, 단풍잎, 연밥(분량 외) 등으로 장식한 다음 뚜껑을 덮어서 제공한다.

9 손님 앞에서 뚜껑을 열면 찻잎으로 훈제한 향을 즐길 수 있다.

바삭한 향신료 닭다리 구이

風味烤鷄腿 펑웨이카오지투이

매운맛의 대명사로 불리는 사천요리이지만 최근에는 좀 더 가벼운 느낌으로 변화하고 있다. 기름을 많이 사용하지 않고 재료 자체를 중요시하는 추세에 따라, 홍화초가 아니라 은은하게 알싸한 맛이 있는 녹색 산초 등으로 산뜻하게 만드는 요리도 있다. 그런 흐름의 한 예가 이 요리에서 사용하는 '뿌리는 향신료'이다. 여기서는 매운맛을 좀 더 줄이고 부드럽게 만들기 위해 빵가루를 베이스로 사용했지만, 현지에서는 여러 가지 고춧가루나 견과류를 사용한다. 중국요리 / 다무라 료스케(아자부초코)

재료

토종닭 다리살(뼈째) 1개
소금 닭고기 무게의 0.8%
찰계수(→p.130) 적당량
바삭한 향신료 적당량
고수 적당량

향수날초(香酥辣椒). 고추를 기름에 튀긴 것. 재료 자체에 매운맛을 첨가하지 않고, 향수날초를 넣은 향신료를 뿌려서 요리에 부드러운 매운 맛과 고소한 맛을 더한다.

바삭한 향신료

A
- 두시(豆豉, 다진 것) 7g
- 마늘 간 것 12g
- 참기름 3g
- 라유 5g

B
- 빵가루(건조) 75g
- 코코넛파인 20g
- 고춧가루 3g
- 핑크페퍼 2g
- 소금 1g
- 상백당 10g

C
- 커민파우더 조금
- 화초(花椒)가루 조금
- 캐슈넛(튀긴 것) 50g
- 향수날초(香酥辣椒) 25g

1 다리살은 추이피지(p.131)와 같은 방법으로 건조시킨다.(p.131 8까지 진행한다.)

2 1을 180℃ 오븐에서 20분 동안 구운 다음, 230℃로 올려서 5분 동안 굽는다.

3 껍질이 바삭하게 구워지면 뼈째로 2~3cm 너비로 잘라서 접시에 담는다.(→p.132)

4 위에 바삭한 향신료를 뿌리고 고수를 곁들여낸다.

바삭한 향신료

1 중화냄비에 A를 넣고 약한 불로 볶아서 향을 낸다.

2 향이 나면 B를 넣고 약한 불로 타지 않도록 계속 섞으면서 볶는다.

3 전체가 바삭해지고 향이 나면 C를 넣고 볶는다.

야 와 타 마 키

八幡巻き

'야와타마키'는 익힌 우엉을 고기나 장어, 붕장어 등으로 말아서 만든 일본의 향토요리이다. 여기서는
우엉과 궁합이 좋고 육질이 좋은 닭다리살을 얇게 펼친 다음 우엉을 말아서 숯불에 구웠다. 장어구이
처럼 양념을 발라서 구워도 좋고 달콤매콤하게 조려도 맛있다.　일본요리 / 가메다 마사히코(이후)

재료　2인분
다리살 350g
우엉 1개
대파 1대
소금, 고이구치 간장 적당량씩

1　다리살은 세로로 2등분한 다음 다시 좌우로 갈
라 펼쳐서 두께를 고르게 만든다.
2　우엉은 쌀뜨물에 넣고 부드럽게 데친 다음, 가운
데 심을 제거하고 가로세로 5㎜ 정도의 가늘고 긴
막대모양으로 자른다. 대파는 우엉 길이에 맞춰서
자른다.
3　1의 다리살을 펼쳐놓고 2의 우엉 몇 개와 대파
를 올려서 만다. 연줄로 묶는다.
4　비닐랩으로 싼 다음 다시 김발로 말아서 냉장고
에 하룻밤 정도 넣어둔다.
5　김발과 비닐랩을 제거하고 여러 개의 꼬치를 부
채모양으로 펼쳐서 꽂은 다음, 소금을 뿌리고 숯불
로 바삭하게 굽는다. 향이 나도록 마지막에 솔로 간
장을 1번 바른다.
6　먹기 좋은 크기로 잘라서 담는다.

오야코돈

親子丼

닭다리살 껍질은 숯불로 바삭하고 고소하게 구워내고, 살은 쓰유로 촉촉하게 익힌다. 달걀을 살짝 풀어서 밥 위에 올린 오야코돈의 포인트는 껍질의 바삭한 식감이다. 대파를 사용하여 좀 더 일본요리에 어울리는 맛으로 완성하였다.

일본요리 / 가메다 마사히코(이후)

재료

다리살 80g
대파(어슷썬 것) 30g
달걀 2개
덮밥소스
 ├ 맛술 400cc
 ├ 청주 100cc
 └ 고이구치 간장 200cc
육수(→ p.121) 50cc
밥 250g
파드득나물 적당량

1 다리살을 꼬치에 꽂아서 껍질쪽만 고소하게 구운 다음 얇게 썬다.

2 덮밥소스 재료 중에서 맛술과 청주를 섞은 다음 끓여서 알코올을 날린다. 여기에 고이구치 간장을 넣어 덮밥소스를 완성한다. 덮밥소스 100cc를 냄비에 넣고 육수 50cc를 넣는다.

3 2의 냄비에 대파와 1의 다리살(살쪽이 아래를 향하게 놓는다)을 넣고 가열한다. 끓으면 풀어놓은 달걀물을 1/2 정도 넣고 살짝 익힌 다음(약 30초 정도), 나머지 달걀물을 붓는다. 달걀을 익히는 정도는 취향에 따라 선택한다.

4 그릇에 밥을 담고 3을 위에 올린 다음 다진 파드득나물을 뿌린다.

닭고기 산초솥밥

鶏山椒の炊き込みご飯 도리산쇼노 다키코미고한

아리마산초와 닭다리살을 매콤달콤하게 익힌 후 우엉, 당근을 넣고 지은 솥밥. 갓 지은 밥에서 풍겨나는 우엉과 간장의 고소한 향이 매우 훌륭하다. 매콤달콤한 맛의 닭고기 산초조림에는 지방이 있는 닭다리살이 제격이다.

일본요리 / 가메다 마사히코(이후)

재료 2인분
닭고기 산초조림 80g
우엉, 당근(모두 채썬 것) 총 45g
쌀 150cc
A
├ 육수 600cc, 소금 2g, 우스구치 간장 15cc,
└ 고이구치 간장 20cc
육수 150cc
산초가루, 어린 산초잎 적당량씩

닭고기 산초조림
다리살(1㎝ 크기로 깍둑썰기한 것) 1kg
물 500cc
설탕 70g
아리마산초 40g
고이구치 간장 200cc
청주 100cc

1 쌀을 씻어서 뚝배기에 담고 A 150cc와 육수 150cc를 붓는다. 우엉과 당근을 넣고 가열한다. 센 불로 5분 동안 가열해서 끓으면 약한 불로 줄이고 10분 동안 가열한다. 닭고기 산초조림을 넣고 7분 동안 찐다.
2 완성되면 산초가루를 뿌리고 어린 산초잎으로 장식한다.

닭고기 산초조림
1 다리살을 1㎝ 크기로 깍둑썰기한다. 끓는 물에 담갔다 빼서 불순물을 제거한다.
2 냄비에 다리살과 그 외의 재료를 모두 넣고 가열한다. 끓으면 약한 불로 줄이고 조린다.

오리엔탈 닭날개 구이

Aileron de poulet à l'oriental 엘롱 드 풀레 아 로리앙탈

매운 맛이 있는 향신료는 빼고 향이 좋은 것만 몇 종류 섞은 다음, 메이플 슈거의 은은한 단맛을 더한 혼합 향신료로 닭날개에 맛을 냈다. 당분이 열에 의해 캐러멜화하여 날개와 잘 어우러진다. 또한 향신료의 양은 1~3작은술 정도라면 원하는 비율로 배합하면 되는데, 한 번에 남김없이 사용할 수 있는 양을 그때그때 만들어서 사용하는 것이 좋다. 프랑스요리 / 다카라 야스유키(긴자 레칸)

재료

중간날개 6개
퐁 블랑 드 볼라유(→p.40) 300cc
소금 적당량
식용유 10cc
혼합 향신료*
 ├ 소금 5g, 코리앤더가루 5g, 육두구가루 1g,
 └ 흰 후추 1g, 메이플슈거 15g

핑크페퍼 12알
파슬리(다진 것) 적당량
타마린드 페이스트 조금
혼합 샐러드** 적당량

* 재료를 모두 잘 섞어둔다. 향이 강한 향신료를 많이 사용하면 다른 향신료의 향이 그 향에 동화되므로 배합에 주의한다.
** 상추 등 각종 잎채소에 소금을 뿌리고 비네그레트(→p.181)로 버무린다.

1 날개에서 중간날개를 잘라낸다. 양쪽 관절의 조금 안쪽부분을(중간날개쪽) 잘라야 뼈를 분리하기 쉽다.

2 중간날개에 소금을 뿌리고, 중간 불로 끓인 퐁 블랑 드 볼라유에 넣어 3분 정도 삶는다. 뼈에서 살을 분리하기 쉽도록 이 단계에서 70~80% 정도 익힌다.

3 2의 중간날개를 건져서 가운데에 칼을 대고 1바퀴 돌려서 칼집을 낸다. 좌우에 1개씩 뼈가 남도록 나눈다.

4 식용유를 조금 두른 프라이팬을 중간 불로 가열하고, 2의 중간날개를 넣고 데운다. 식용유를 너무 많이 두르면 기름에 향신료가 떠서 닭고기와 잘 버무려지지 않으므로 식용유는 조금만 사용한다.

5 혼합 향신료를 중간날개에 뿌리고 노릇노릇해지도록 천천히 굽는다.

6 향신료가 잘 버무려지면 핑크페퍼와 파슬리를 넣고 전체적으로 잘 섞은 다음 프라이팬에서 꺼낸다.

7 접시 가운데에 소금과 비네그레트로 버무린 혼합 샐러드를 담고, 주위에 6개의 중간날개를 올린다.

8 유산지를 깔때기처럼 말아서 타마린드 페이스트를 넣고, 접시 둘레에 조금씩 짠다.

라임과 민트향 닭봉튀김

青檸薄荷鷄 칭닝보허지

윗날개(봉)로 만든 유린기(油淋鷄). 갓 튀겨낸 닭봉을 소스로 살짝 버무려서 완성하였다. 라임으로 상큼한 신맛을 내고 민트 향으로 악센트를 주었는데, 민트 외에 바질이나 레몬그라스 등 청량한 느낌의 허브를 곁들여도 좋다.

중국요리 / 다무라 료스케(아자부초코)

재료

윗날개(봉) 5개
밑간양념
├ 소금 2꼬집
├ 생강(다진 것) 5g
├ 사오싱주 5g
└ 전분가루 2큰술
식용유 적당량
소스
├ 민트 잎(다진 것) 10장
├ 칭탕 50cc
├ 라임즙 20cc
├ 삼온당 20g
├ 소금 2g
└ 물전분 1작은술

1 윗날개(봉) 끝부분의 주위에 칼을 넣어 힘줄을 제거하고, 뼈가 나오게 살을 벗겨서 뒤집어 씌운다.

2 전분가루를 제외한 밑간양념을 1에 묻히고 30분 정도 맛이 배이게 둔다.

3 2에 전분가루를 묻힌 다음 160℃ 기름에 넣고 온도를 올린다. 튀김옷이 단단해지면 건져내서 1분 정도 그대로 두고 남은 열로 익힌 다음, 160℃ 기름에 다시 넣는다. 이 과정을 3번 반복하여 익힌다.

4 마무리로 180℃ 기름에 넣어 바삭하게 튀긴다.

5 소스를 만든다. 냄비에 소스 재료(물전분과 민트 잎 제외)를 넣고 끓인다. 끓으면 민트 잎을 넣고 물전분을 넣어 걸쭉하게 만든다.

6 5에 갓 튀겨낸 윗날개(봉)를 넣고 재빨리 버무린다.

7 접시에 담고 장식용 민트(분량 외) 잎을 올린다.

닭 날 개 와 무 조 림

手羽と大根の炊き合わせ 데바네토 다이콘노 다키아와세

날개를 보기 좋게 조리기 위해 자르지 않고 그대로 조린 다음 잘랐다. 무는 p.100의 도리다시를 만드는 과정 중간에 넣고 끓인 것을 곁들였다. 도리다시에 무를 넣으면 무와 도리다시 모두 상승효과로 맛이 좋아진다.

일본요리 / 가메다 마사히코(이후)

재료 2인분
날개 2개(1마리 분량)
날개 조림국물
  ├ 청주 400cc
  ├ 물 100cc
  ├ 맛술 50cc
  ├ 설탕 50G
  ├ 생강껍질 3쪽 분량
  ├ 고이구치 간장 30cc
  └ 다마리 간장 20cc
무 1개
무 조림국물
  ├ 도리다시(→p.100) 1ℓ
  ├ 설탕 100g
  ├ 고이구치 간장 120cc
  └ 다마리 간장 10cc
대파 적당량

날개를 윗날개(봉), 중간날개, 아랫날개(윙)로 나누지 않고 그대로 조리면 모양이 망가지지 않고 깔끔하게 완성할 수 있다.

1 무는 10㎝ 길이로 잘라서 껍질을 벗기고 모서리를 다듬는다. 무를 쌀뜨물에 넣고 꼬치가 들어갈 정도로 부드럽게 삶는다.
2 도리다시 만드는 과정 3에서 1의 무를 넣고 끓인다. 도리다시가 완성되면 무를 건져서 조림국물에 넣고 부드럽게 끓여서 맛이 배이게 한다.
3 날개를 끓는 물에 넣어서 겉면이 하얗게 변하면 건져낸다. 불순물과 기름기를 씻어낸다.
4 3을 냄비에 넣고 날개 조림국물을 부어 끓인다. 날개 전체가 익어서 부드러워질 때까지 천천히 끓인다.
5 제공할 때는 4의 날개를 먹기 좋게 자르고, 2의 무를 곁들여서 찜기로 데운다.
6 대파는 채썰어서 물에 헹군 다음 물기를 제거하고 동그랗게 뭉쳐서 올린다.

닭 날 개 라 비 올 로 네

Raviolone di pollo 라비올로네 디 폴로

90년 초에 이탈리아에서 유행하던 요리이다. 부드럽게 조린 날개의 뼈를 제거하고 리코타치즈, 달걀 노른자와 같이 반죽에 넣은 다음 브로도에 넣고 삶아낸 대형 라비올리. 칼로 자르면 안에서 걸쭉하고 농후한 달걀노른자가 흘러나와 소스 역할을 한다. 이탈리아요리 / 쓰지 다이스케(콘비비오)

재료 1인분
생파스타 반죽(→p.175) 1장(30×30㎝)
날개 라구 2큰술
리코타치즈 1큰술
달걀노른자 1개 분량
버터 15g
브로도(→p.84) 30g
그라나파다노치즈(가루) 1큰술
화이트 트뤼프(슬라이스) 3장

날개 라구
날개(중간날개~아랫날개) 200g
소금, 후추, 올리브유 적당량씩
화이트와인 20g
소프리토(→p.90) 20g
로즈메리 1줄기

1 생파스타 반죽을 파스타머신에 넣고 두께 1㎜ 이하로 민다. 30×30㎝로 자르고 분무기로 물을 뿌려둔다. 반죽 뒤쪽에 날개 라구와 리코타치즈를 올리고 달걀노른자를 떨어뜨린 다음 앞쪽 반죽으로 덮는다.
2 주위를 눌러서 공기를 뺀다. 12㎝ 지름의 국화모양틀로 찍어서 끓는 소금물에 넣고 2분 30초 동안 삶는다.
3 프라이팬에 버터와 브로도를 넣고 가열한 다음, 2의 라비올로네를 넣는다. 그라나파다노치즈를 넣고 버무려서 접시에 담는다. 위에 트뤼프를 장식한다.

날개 라구

1 날개에 소금, 후추를 뿌린다. 냄비에 올리브유를 두르고, 날개를 소테하여 노릇노릇하게 만든다.
2 노릇노릇해지면 화이트와인, 소프리토, 로즈메리를 넣고 물을 자작하게 붓는다. 중간 불로 1시간 정도 졸인 다음 뼈를 제거한다.

닭날개 리소토

Risotto di pollo 리소토 디 폴로

커다란 통치즈의 가운데를 파내고 리소토를 채운 다음 닭날개를 올렸다. 날개는 고소하게 구워서 레몬과 세이지 잎으로 조렸다. 닭고기와 레몬은 궁합이 좋아서 이탈리아에서는 인기 있는 조합 중 하나이다. 레몬의 신맛이 농후한 리소토의 맛을 산뜻하게 잡아준다.

이탈리아요리 / 쓰지 다이스케(콘비비오)

재료 2인분
날개(중간날개~아랫날개) 5~6개
소금, 올리브유 적당량씩
화이트와인 20g
소프리토 15g
세이지 잎 4장
레몬(슬라이스) 2장
리소토 2인분

리소토 2인분
에샬로트(다진 것) 1작은술
올리브유 20g
이탈리아쌀(카르나롤리종) 60g
브로도 300g(상태를 보면서 분량 조절)
소금 적당량
화이트와인 15g
버터 20g
파르미자노치즈(가루) 20g
세이지 잎(다진 것) 3장

1 날개에 소금을 뿌리고 올리브유를 두른 프라이팬에 올려서 노릇노릇하게 굽는다.
2 화이트와인을 넣고 소프리토, 세이지 잎, 레몬 슬라이스, 재료가 잠길 정도의 물을 넣어 중간 불로 30~40분 동안 끓인다. 국물이 졸아들면 물을 보충한다.
3 가운데를 파낸 통치즈에 리소토를 담고 날개를 올린다. 주변에 올리브유를 뿌린다.

리소토

1 편수냄비에 올리브유를 넣고 다진 에샬로트를 넣어 볶는다.
2 향이 나면 이탈리아쌀을 넣고 볶다가 브로도, 화이트와인을 붓고 소금으로 간을 한다.
3 나무주걱으로 섞으면서 약한 중간 불로 끓인다. 버터, 파르미자노치즈, 다진 세이지를 섞어서 완성한다.

참기름맛 닭날개 잎새버섯 솥밥

麻油鷄舞茸米飯 마유지우룽미판

닭 1마리에 술과 검은깨 참기름을 넣고 끓인 요리로, 타이완에서 인기 있는 '마유계(麻油鷄)'라는 국물요리처럼 닭고기와 참기름을 조합한 쌀요리이다. 여기에서는 닭 1마리 대신 아랫날개(윙)를 사용하였다. 아랫날개는 닭고기 부위 중 젤라틴이 가장 풍부하고 감칠맛도 강해서 참기름맛이 강한 이 요리에도 잘 어울린다.

중국요리 / 다무라 료스케(아자부초코)

재료 5~6인분
날개(중간날개~아랫날개) 6개
밑간양념(소금 조금, 고이구치 간장 7.5cc)
잎새버섯(원목재배) 70g
말린 표고 2장
은행 12알
생강 25g
쪽파 적당량
검은깨 참기름 45cc
쌀(햅쌀) 3홉
양념
├ 칭탕 600cc
├ 고이구치 간장 15g
├ 장유고(醬油膏, →p.142) 5g
└ 소금 5g

1 날개는 끝부분을 잘라내고 2cm 크기로 토막낸다. 약간의 소금과 고이구치 간장을 뿌리고 30분 동안 맛이 배이게 둔다.

2 다른 재료를 준비한다. 잎새버섯은 작게 송이로 나눈다. 말린 표고는 물에 불려 가늘게 썰고, 은행은 껍질을 벗긴 다음 저온으로 튀겨서 얇은 껍질을 벗긴다. 생강은 1×4cm 크기로 얇고 네모나게 썬다. 쪽파는 송송 썬다.

3 쌀은 씻어서 30분 동안 불려둔다.

4 냄비에 검은깨 참기름을 두르고 생강을 넣어 약한 불로 볶아서 향을 낸다. 아랫날개(윙)를 넣고 살짝 탄 자국이 남을 정도로 센 불에서 볶는다.

5 4에 칭탕을 붓고 잎새버섯, 말린 표고, 은행, 나머지 양념을 모두 넣어 약한 불로 5분 동안 끓인다. 볼 등에 옮겨 담아 식힌다. 국물의 양은 430cc.

6 쌀을 질냄비에 담고 5를 넣어 밥을 짓는다. 센 불로 끓이다가 끓기 시작하면 약한 불로 줄여서 11분 동안 끓인다. 7분 동안 뜸을 들인 다음 완성되면 위에 쪽파를 뿌린다.

닭고기 채소구이와 채소말이

野菜の煮詰め 肉巻き 야사이노 니쿠즈메 나쿠마키

다리살과 목살을 굵게 다져서 식감을 살리고 채소와 함께 꼬치구이로 만들었다. 새로운 채소가 계속
나오기 때문에 계절에 맞는 새로운 채소를 넣으면 색다른 맛을 즐길 수 있다.

일본요리 / 가메다 마사히코(이후)

재료
속재료(만들기 편한 적당량)
- 다리살(굵게 다진 것) 550g
- 목살(굵게 다진 것) 550g
- 빵가루(건조) 30g
- 소금 5g
- 후추 적당량
- 달걀 1/2개
피타로(ピ一太郎)* 2개
특대 표고 1개
연근 적당량
가지 적당량
주키니 적당량
전분가루 적당량
고이구치 간장 적당량

* 샐러드용으로 쓴맛을 줄여서 만든 가는 모양의 새로운 피망.

1 속재료를 만든다. 모든 재료를 잘 섞는다.
2 채소를 준비한다. 피타로는 반으로 잘라서 씨를 제거하고 속재료
를 채워 넣는다. (1개 8g×3개). 특대 표고는 기둥을 잘라내고 속재료
를 채워 넣는다.(1개 180g) 연근과 가지는 4~5㎝ 너비로 얇게 썰어
서 둥글게 뭉친 속재료를 돌돌 만다. (15g×3개) 속재료를 넣을 때 잘
붙도록 채소에 전분가루를 뿌려둔다.
3 각각 꼬치에 꽂아 숯불에 굽는다. 마무리로 고이구치 간장을 발라
서 고소한 향을 낸다.

닭고기 구멍완자

空芯鷄元 쿵신지위안

완자 속에서 육즙이 흘러나와 깜짝 놀라게 만드는 요리. 완자 반죽을 부드럽게 완성하기 위해 다짐육에 참마를 넣는다. 걸쭉한 소스를 곁들이지 않아 맛이 심플할 수 있기 때문에, 마를 갈지 않고 으깬 다음 굵게 썰어서 식감에 변화를 주었다. 참마 대신 두부를 넣으면 식감이 좋고 부드러운 반죽이 된다.

중국요리 / 다무라 료스케(아자부초코)

재료 2접시 분량
완자 반죽
- 닭다리 다짐육 300g
- 참마(으깨서 굵게 썬 것) 100g
- 달걀 1개
- 소금 3g
- 고이구치 간장 5g
- 생강(다진 것) 10g
- 박력분 15g

젤리(완자 속에 넣는다)
- 칭탕 150cc
- 판젤라틴 12g
- 고이구치 간장 5g
- 소금 2g

튀김유 적당량

1 젤리를 만든다. 칭탕, 고이구치 간장, 소금을 섞어서 가열하여 70℃가 되면 물에 불린 판젤라틴을 넣고 불에서 내려 녹인다. 트레이에 넣고 식혀서 굳힌다.

2 완자 반죽을 만든다. 볼에 박력분 이외의 재료를 넣고 찰기가 생길 때까지 한 방향으로 치댄다. 여기에 박력분을 넣어 다시 반죽한다. 냉장고에 넣고 식힌다.

3 식혀서 굳힌 1의 젤리를 2㎝ 크기로 깍둑썰기한다. 젤리를 2의 가운데에 넣고 반죽으로 싸서, 지름 3~4㎝ 정도로 둥글게 빚는다.

4 160℃ 기름에 2번 튀겨서 기름기를 뺀다.

한입 베어물면 녹은 젤리가 흘러나와서 빈 구멍이 생긴다.

레몬그라스향 닭고기 시시케밥

Shishikebab de poulet à la citronnelle 시시케밥 드 풀레 아 라 시트로넬

케밥으로 둘러싸인 레몬그라스의 청량함이 닭가슴살의 부드러운 맛과 잘 어울린다. 토마토를 사용한 처트니 소스의 달콤새콤한 맛이 악센트. 케밥을 감싼 크레핀은 지방을 보충해주는 동시에 고소한 향을 더해준다. 향이 좋은 혼합 향신료와 매운맛이 있는 피망 데스플레트를 뿌려서 깊은 맛을 냈다.

프랑스요리 / 다카라 야스유키(긴자 레칸)

재료 2인분
닭고기 반죽
┌ 가슴살 다짐육(지름 5㎜) 250g
│ 소금 4g
│ 흰 후추 1.5g
├ 에샬로트 소테
│ ┌ 에샬로트(다진 것) 120g
│ │ 마늘(다진 것) 5g
│ │ 버터 6g
│ └ 소금 1g
├ 생빵가루 40g
└ 우유 30cc

┌ 냉동 그린페퍼(굵게 다진 것)
└ 20알 분량
레몬그라스 6개
크레핀 적당량
쿠스쿠스* 60g
혼합 향신료** 적당량
식용유 적당량
처트니 소스 적당량
무순 12개

처트니 소스
토마토 200g
소금 1g
그래뉴당 15g
꿀(아카시아) 10g
생강 간 것 3g
마늘 간 것 2g
피망 데스플레트
   (Piment d'espelette) 2g
발사믹 식초 35cc
혼합 향신료** 3g
카레가루 1g

* 쿠스쿠스(세몰리나)에 같은 양의 끓는 물(60cc)을 넣고 비닐랩을 씌운다. 부드러워지면 소금을 조금 넣어 간이 배이게 한다.
** 시나몬스틱 1/5개, 코리앤더(알갱이) 5g, 팔각 1/5개, 메이스 2g, 육두구 0.5g, 타임(건조) 1g을 절구에 넣고 굵게 빻는다.

1 닭고기 반죽을 만든다. 에샬로트 소테를 준비한다. 팬에 버터를 두르고 에샬로트와 마늘을 색이 변하지 않게 볶은 다음, 소금을 넣어 간을 한다. 투명하게 익으면 식혀둔다.

2 1을 차갑게 식혀서 볼에 담고 소금을 넣는다. 찰기가 생길 때까지 반죽한다. 흰 후추를 넣는다.

3 생빵가루는 우유에 적셔둔다.

4 2의 반죽에 1의 에샬로트 소테와 3의 빵가루를 넣어 잘 반죽한다. 그린 페퍼를 뿌린다.

5 45g 씩 나눠서 레몬그라스 위에 감싸듯이 붙인다. 모양을 다듬고 크레핀으로 싸서 냉장고에 넣는다.

6 식용유를 두른 프라이팬에 약한 불로 굴리면서 고르게 익힌다. 제공할 때는 혼합 향신료를 뿌리고 살라만더로 굽는다.

7 접시에 쿠스쿠스를 뿌리고 6의 케밥을 담는다. 혼합 향신료를 전체에 뿌리고, 처트니 소스를 곁들인다. 무순을 올린다.

처트니 소스

1 토마토는 꼭지를 떼고 뜨거운 물에 담갔다 빼서 껍질을 벗긴다. 가로로 2등분해서 씨를 빼내고 칼로 두드려서 굵게 다진다.

2 나머지 재료를 모두 넣고 잘 섞는다.

닭고기 소보로 동아조림

冬瓜そぼろあんかけ 도우간 소보로 안카케

투명하고 걸쭉한 국물인 긴안(銀あん)이 탁해지지 않도록 미리 간을 해서 조린 소보로를 따로 준비해
두었다가 제공할 때 국물과 같이 얹어낸다. 동아는 닭고기 소보로와 잘 어우러지도록 도리다시를 베
이스로 한 조림국물로 부드럽게 익혀서 맛이 배이게 한다. 　　　일본요리 / 가메다 마사히코(이후)

재료 10인분

동아 1개(1~1.5kg 정도)
동아 조림국물
┌ 도리다시(→p.100) 1ℓ, 청주 100cc, 맛술 50cc,
│　소금 10g, 우스구치 간장 100cc, 다시마 20g,
└ 가쓰오부시*30g
가슴살 다짐육 200g
소보로 조림국물
┌ 육수 300cc, 청주 50cc, 설탕 50g, 고이구치 간장 50cc,
└ 생강 간 것 2g
긴안
├ 육수 500cc
├ 맛술 100cc
├ 우스구치 간장 100cc
└ 물전분 적당량
생강 간 것 적당량

* 거즈나 면보자기로 가쓰오부시를 싸서 넣는다.

1 동아는 큼직하게 자른다. 씨를 제거하고 모서리를 다듬은
다음, 껍질을 얇게 벗긴다. 격자모양으로 얇게 칼집을 내고 쌀
뜨물에 넣어 부드럽게 삶는다. 물로 쌀뜨물을 씻어낸다.

2 동아 조림국물을 한소끔 끓인 후 체에 내린다. 1의 동아를
넣고 중간 정도의 약한 불로 30분 동안 끓인 다음, 하룻밤 그
대로 두어 맛이 배게 한다.

3 닭고기 소보로를 만든다. 가슴살 다짐육을 냄비에 넣고, 물
과 청주(분량 외)를 넣어 끓인다. 다짐육이 익으면 체에 밭쳐 물
기를 뺀다.

4 소보로 조림국물 재료를 섞은 다음 3의 다짐육을 넣고 약한
불로 끓인다. 맛이 잘 배면 불을 끈다.

5 긴안을 만든다. 물전분 외의 재료를 모두 넣고 가열한다. 한
소끔 끓으면 물전분을 넣어 걸쭉하게 만든다.

6 동아는 찜기로 따뜻하게 데워서 접시에 담고, 긴안과 닭고
기 소보로를 섞어서 데운 다음 끼얹는다. 생강 간 것을 동아 위
에 올려서 제공한다.

닭고기 다짐육과 부추 냉면

鶏肉韭菜冷麺 지러우주차이렁멘

차가운 면에 어울리도록 닭고기와 궁합이 좋은 소금으로 맛을 낸 새콤하고 매콤한 국물을 차갑게 식혀서 부었다. 국물에는 굴소스를 조금 넣어 깊은 맛을 더했다. 코스 요리의 마지막 순서나 여름철 점심 메뉴로 제격인 면요리. 다짐육을 너무 오래 가열하면 퍽퍽해지므로 주의한다.

중국요리 / 다무라 료스케(아자부초코)

재료
다리살 다짐육 50g
부추 20g
중화면 1인분
국물
  ├ 마오탕(→p.124) 250cc
  ├ 소금 5g
  ├ 설탕 1작은술
  ├ 후추 1/3작은술
  ├ 굴소스 1작은술
  └ 식초 45cc

1 다짐육에 소량의 물(분량 외)을 넣고 으깨면서 익힌다. 물의 양은 다짐육이 페이스트 상태가 될 정도면 적당하다. 끓으면 바로 물기를 뺀다.

2 국물 재료(식초 제외)를 냄비에 넣고 끓인다. 여기에 1의 다짐육을 넣고 식힌 다음, 식초를 넣고 냉장보관한다.

3 제공할 때는 끓는 물에 부추를 데쳐서 얼음물에 헹군 다음 물기를 빼고, 1cm 너비로 잘라서 2에 넣는다.

4 중화면은 부드럽게 삶아서 얼음물에 헹군 다음, 물기를 완전히 빼고 그릇에 담는다.

5 차갑게 식혀둔 3의 국물을 부어서 제공한다.

닭고기 다짐육 수제 스파게티니

Spaghettini con ragù di pollo 스파게티니 콘 라구 디 폴로

닭고기 다짐육을 넣고 만든 소스를 직접 반죽해서 만든 생파스타와 조합하였다. 이 소스는
다른 요리에도 사용할 수 있어 유용하다. 리소토 등에 넣어도 색다른 맛을 즐길 수 있다.

이탈리아요리 / 쓰지 다이스케(콘비비오)

재료
생파스타 반죽(→p.175) 30g
닭고기 다짐육 소스 30g
프루트토마토(깍둑썰기한 것) 1/2개 분량
블랙 올리브 8개
그라나파다노치즈(가루) 적당량
버터 1작은술
리코타 살라타치즈* 적당량
올리브유 조금

닭고기 다짐육 소스
다리살 다짐육 200g
마늘(다진 것) 1/4쪽
올리브유 15g
소금 적당량
로즈메리 1줄기
화이트와인 20g

* 리코타 살라타(Ricotta salata): 리코타치즈의 수분을 뺀 다음 소금에 절여
서 1개월 이상 숙성시킨 것.

1 생파스타 반죽을 파스타머신에 넣고 밀어서 두께 1.5mm, 너비
1.5mm의 스파게티니를 만든다. 끓는 소금물에 삶는다.
2 닭고기 다짐육 소스를 만든다. 토마토, 씨를 뺀 블랙 올리브, 1의
스파게티니를 넣고 버무린다. 마지막에 버터와 그라나파다노치즈를
넣고 녹이면서 버무린다.
3 포크로 스파게티니를 말아서 접시에 담고 리코타 살라타치즈를
뿌린다. 로즈메리(분량 외)로 장식하고 올리브유를 뿌려낸다.

닭고기 다짐육 소스
1 냄비에 마늘과 올리브유를 넣고 중간 불로 볶는다. 향이 나면 다
짐육을 넣고 소금을 뿌려 굽는다.
2 노릇노릇해지면 화이트와인, 로즈메리, 잠길 정도의 물을 붓고
20분 동안 졸인다. 국물이 부족하면 물을 적당히 보충한다.

닭 껍 질 젤 리

鶏皮の煮凝り 도리카와노 니코고리

닭껍질 안쪽에 붙어 있는 지방의 양은 부위에 따라 다르다. 여기에서 사용한 목껍질에는 지방이 많기 때문에 한 번 데쳐서 지방을 제거한 다음에 조려서 젤리처럼 만들었다. 따로 껍질 튀김을 준비하여 토핑으로 올리면 껍질의 다양한 식감을 즐길 수 있다.　일본요리 / 가메다 마사히코(이후)

재료 가로세로 14㎝ 사각형틀 1개 분량
목껍질 500g
도리다시(→ p.100) 500㏄
우스구치 간장, 소금 적당량씩
판젤라틴 8g
쪽파(송송 썬 것) 적당량
식용유 적당량

1 목껍질은 미리 1번 데쳐서 껍질 안쪽의 기름을 제거한 다음 채썬다.

2 도리다시에 우스구치 간장과 소금을 넣어 간을 하고, 1의 목껍질을 넣어 가열한다. 육수가 400㏄로 줄어들 때까지 약한 불로 졸인다.

3 2에 물에 불린 판젤라틴을 넣고 녹인 다음 틀에 붓고 식혀서 굳힌다. 80~90% 정도 굳으면 윗면 전체에 쪽파를 뿌리고 계속 식힌다.

4 따로 껍질을 준비하여 채썬 다음 160℃ 기름에 넣고 천천히 튀긴다. 고온에서 튀기면 기름이 튈 수 있으므로 주의한다.

5 제공할 때는 3을 네모나게 잘라서 담고, 위에 4의 튀긴 닭껍질을 곁들인다.

설탕옷 닭목살 튀김

怪味鷄脖 과이웨이지보

손으로 집어 먹는 간단한 안주 같은 전채요리. 각종 향신료를 넣은 설탕옷을 입혀서 혀가 얼얼할 정
도로 매운맛이 특징이다. 닭목살 대신 견과류로 만들기도 한다. 설탕옷이 눅눅해지지 않도록 목살을
바삭하게 튀기는데, 너무 오래 튀기면 고기가 퍽퍽해지기 때문에 3번에 나눠서 촉촉하면서도 바삭하
게 완성하는 것이 이 요리의 비결이다. 　　　　　　　　　　　중국요리 / 다무라 료스케(아자부초코)

재료 만들기 편한 적당량

목살 180g
밑간양념
- 청주 5g
- 소금 2g
- 고이구치 간장 조금
- 달걀물 10g
- 전분가루 10g
식용유 적당량

설탕옷
- 설탕 100g
- 물 40g
- 화초(花椒)가루 5g
- 고춧가루 5g
- 커민가루 2g
- 소금 4g

1 목살은 2~3㎝ 크기로 깍둑썰기한다. 밑간양념을 섞어서
목살을 넣고 버무린다.

2 식용유를 160℃로 가열하여 1의 목살을 넣고 45초 동안 겉
면을 익힌 다음 건져낸다. 1분 동안 남은 열로 익히면서 기름기
를 뺀다.

3 2번째는 160℃ 기름에 30초 동안 넣었다 뺀 다음 1분 동안
그대로 둔다.

4 3번째는 180℃ 기름에 30초 동안 넣었다 뺀다. 3번에 나눠
서 남은 열을 이용하여 익히면, 속은 촉촉하고 겉은 바삭하게
튀겨진다.

5 중화냄비에 설탕옷 재료 중 설탕과 물을 넣고 중간 불~약
한 불로 타지 않도록 가열하여 물엿을 만든다. 설탕과 물을 제
외한 나머지 재료(화초가루, 고춧가루, 커민가루, 소금)를 잘 섞는
다.(A)

6 물엿의 거품이 잦아들면 A를 넣고 잘 섞는다. 갓 튀겨낸 4의
목살을 넣고 냄비를 흔들어주면서 버무린다.

7 잘 버무려지면 불에서 내리고 바람을 맞혀서 재빨리 식힌
다. 급속도로 온도를 내리면 설탕이 다시 결정화해서 하얗게 변
한다. 한 김 식히면 겉면이 단단해지고 바삭해진다.

토마토를 닮은 닭껍질 완자

蕃茄鷄皮 판체지피

닭가슴살 다짐육을 닭껍질로 작고 동그랗게 싸서 익힌 다음, 팔각, 계피, 감초 등으로 향을 더한 '홍계수(紅鷄水)'에 넣어 맛을 냈다. 닭껍질은 보통 튀겨서 바삭한 식감으로 즐기지만 조림의 탱탱한 식감도 그에 못지 않게 훌륭하다. 색과 모양을 방울토마토와 비슷하게 만들어서 전채요리로 사용한다.

중국요리 / 다무라 료스케(아자부초코)

재료

껍질(가슴 부분) 100g
가슴살 다짐육 60g
밑간양념
- 소금 1g
- 청주 5g
- 고이구치 간장 3g
- 달걀물 5g
- 전분가루 2g

홍계수(紅鷄水)*
- 물 1ℓ
- 고이구치 간장 450cc
- 얼음설탕 350g
- 맥아당 450g
- 소금 7g
- 붉은 쌀 420g
- 팔각 1개
- 계피 3g
- 감초 5g

방울토마토, 토마토줄기 적당량씩

* 재료를 모두 섞어서 가열하고 얼음설탕이 녹으면 불을 끈 다음 그대로 하룻밤 둔다.

1 껍질 안쪽에 붙어 있는 기름을 긁어내고 동그랗게 말 수 있을 정도의 크기(가로세로 6㎝ 정도)로 자른다.

2 닭고기 다짐육을 볼에 넣고 밑간양념을 모두 넣어 반죽한다. 1개당 8g씩 동그랗게 빚는다.

3 껍질 안쪽에 2의 다짐육을 올리고 동그랗게 싼다. 보자기처럼 가장자리를 모아서 연줄로 묶어 토마토 모양을 만든다.

4 끓는 물에 사오싱주(분량 외)를 조금 넣고, 3을 넣어서 10분 동안 삶는다.

5 홍계수를 80℃로 가열하고 4의 완자를 넣은 다음 불에서 내린다. 하룻밤 그대로 두어 맛이 배이게 한다.

6 접시에 방울토마토와 줄기를 올리고, 방울토마토처럼 보이도록 5의 닭껍질 완자(연줄은 잘라낸다)를 올린다.

치촐리 포카치아

Focaccia di ciccioli 포카치아 디 차촐리

치촐리는 라드나 돼지껍질, 오리껍질 등으로 만드는 스낵 같은 것인데, 이탈리아에서는 빵과 치촐리를 농사일을 하는 도중에 간식으로 먹는다. 치촐리는 닭껍질로도 만들 수 있는데, 만들어 두면 간편한 간식이 되기도 하고 여러 가지로 활용이 가능하다.　이탈리아요리 / 쓰지 다이스케(콘비비오)

재료 1장분

포카치아 반죽 300g

치촐리
 - 껍질 200g
 - 로즈메리 5줄기
 - 올리브유 적당량
 - 소금 적당량

드라이 방울토마토
 - 방울토마토 12개
 - 소금 적당량
 - 그래뉴당 적당량
 - 올리브유 적당량

포카치아 반죽

중력분 500g

소금 10g

그래뉴당 15g

올리브유 50g

생이스트 8g

물 400g

1　치촐리를 만든다. 껍질을 한입크기로 자른다. 편수냄비에 올리브유를 두르고, 껍질, 로즈메리를 넣어 약한 불로 가열한다. 기름이 나오고 껍질이 바삭해질 때까지 가열한다.

2　기름을 제거하고 소금을 뿌린다.

3　드라이 방울토마토를 만든다. 방울토마토는 가로로 2등분해서 오븐시트를 깐 팬에 올리고 그래뉴당, 소금, 올리브유를 뿌린다.

4　110℃ 오븐에 넣고 20~30분 정도 가열하여 구우면서 건조시킨다.

5　오븐팬에 1차 발효를 마친 포카치아 반죽을 올리고, 드라이 방울토마토, 치촐리, 로즈메리를 올린 다음 210℃ 오븐에서 15~20분 동안 굽는다.

포카치아 반죽

1　볼에 중력분, 소금, 그래뉴당, 올리브유를 넣는다.

2　다른 볼에 생이스트를 넣고, 체온 정도로 미지근하게 데운 물을 넣어서 녹인다. 이것을 1의 볼에 넣고 반죽하여 30℃에서 약 1시간 정도 1차 발효시킨다.

닭목살과 빵 그라탱 수프

Zuppa di pollo al forno 추파 디 폴로 알 포르노

수프 안에 빵 그라탱을 띄운 요리. 이탈리아 북부의 수프요리인 '소파 코아다(Sopa coada)'를 응용한
것으로, 본래는 비둘기 고기로 만들었다. 여기서는 식감도 좋고 감칠맛이 있는 닭목살을 사용하였다.

이탈리아요리 / 쓰지 다이스케(콘비비오)

재료 6인분

닭고기 라구
- 목살(토막낸 것) 150g
- 양파(깍둑썰기한 것) 1/2개 분량
- 당근(깍둑썰기한 것) 1/4개 분량
- 셀러리(깍둑썰기한 것) 1개 분량
- 토마토(깍둑썰기한 것) 1개 분량
- 월계수 잎 2장
- 소금 적당량
- 올리브유 30g

베샤멜 소스
- 우유 500g
- 버터, 박력분 50g씩
- 소금 적당량

포카치아(슬라이스→p.210)* 12장

* 100℃ 오븐에서 건조시킨다.

그라나파다노치즈(가루) 적당량
수프
- 브로도(→p.84) 400g
- 토마토 1/2개
- 바질 잎 2장
- 그라나파다노치즈(껍질) 1장

1 닭고기 라구를 만든다. 프라이팬에 올리브유를 두르고,
목살, 양파, 당근, 셀러리를 넣고 볶다가 소금을 뿌린다.

2 익으면 토마토와 월계수 잎을 넣고 중간 정도의 약한 불
로 뭉근하게 끓여서 조린다.

3 베샤멜 소스를 준비한다.(→p.169)

4 트레이에 슬라이스한 포카치아를 나란히 올리고 베샤
멜 소스를 얇게 펴바른다. 다시 포카치아, 닭고기 라구, 베
샤멜 소스 순서로 올린다. 마지막에 그라나파다노치즈를
뿌린다.

5 180℃ 오븐에 넣고 20분 정도 굽는다.

6 수프를 만든다. 브로도에 나머지 재료를 넣어 끓이고 간
을 한 다음 체에 내린다.

7 구운 그라탱을 주물냄비에 나눠서 담고 뜨거운 수프를
붓는다.

닭간 무스와 가래열매 콩포트

Mousse de foie de volaille et compote de noix 무스 드 푸아 드 볼라유 에 콩포트 드 누아

아직 덜 익은 녹색 가래열매를 오랜 시간에 걸쳐 쓴맛을 없앤 다음, 콩포트로 만들어서 간 무스와 조합하였다. 곁들인 젤리는 콩포트 시럽에 응고제를 넣고 굳혀서 만든 것이다. 간 무스는 등지방 등의 기름과 생크림, 포트와인 등의 수분을 섞는 것이기 때문에 분리되지 않도록 매끄럽게 완성한다.

프랑스요리 / 다카라 야스유키(긴자 레칸)

재료 만들기 편한 적당량

닭간 무스

- 간 1㎏
- 소금 21g
- 흰 후추 1.2g
- 카트르 에피스 0.6g
- 돼지 등지방(2㎝ 크기로 깍둑썬 것) 600g
- 화이트 포트와인 150cc
- 달걀노른자 9개 분량
- 생크림(유지방 47%) 450cc
- 녹색 가래열매 콩포트 8개

포트와인 리덕션(→p.70) 적당량

허브 소스 적당량

녹색 가래열매 젤리 1인분 5장

꼬투리강낭콩 샐러드* 적당량

녹색 가래열매 콩포트

※ 껍데기가 생기기 전, 초여름의 덜 익은 녹색 가래열매를 사용한다.

녹색 가래열매

그래뉴당 가래열매 분량의 40%

허브 소스

시금치 잎 60g

파슬리 잎 30g

처빌 잎15g

타라곤 잎 15g

딜 잎 15g

소금, 물 적당량씩

녹색 가래열매 젤리

녹색 가래열매 콩포트 시럽 70cc

물 30cc

레몬즙 적당량

펄아가(응고제) 100cc 당 3g

* 꼬투리강낭콩을 소금물에 데치고, 어린 비트 잎, 붉은 경수채, 아마란사스와 함께 비네그레트(→p.181)로 버무린다.

1 닭간 무스를 만든다. 간은 힘줄과 얇은 막을 제거하고 물로 씻는다. 소금, 흰 후추, 카트르 에피스를 섞어 둔다.

2 차갑게 식혀둔 푸드프로세서에 2㎝ 크기로 깍둑썰기한 돼지 등지방을 넣고 갈아서 페이스트 상태로 만든다.

3 2에 1의 양념과 손질한 간을 넣고 간다. 가는 동안 3번에 나눠서 화이트 포트와인을 넣는다. 계속해서 달걀노른자를 3번에 나눠 넣은 다음, 생크림을 3번에 나눠 넣는다. 분리되지 않도록 푸드프로세서로 조금씩 섞어서 유화시킨다.

4 깊은 트레이에 시누아를 올려서 걸러주고, 알루미늄포일로 전체를 덮는다.

5 4의 트레이가 들어갈 정도의 용기에 끓인 물을 넣고 4를 중탕한다. 90℃ 스팀모드로 설정해둔 컨벡션오븐에 넣고 40분 동안 가열한다.

6 꼬치로 찔러서 반죽이 묻어나지 않으면 트레이를 꺼내고, 알루미늄포일을 벗겨서 상온에서 한 김 식힌다. 냉장보관한다.

7 비닐랩을 깔고 6의 간 페이스트 300g을 넓게 편다. 말았을 때 가운데에 오도록 세로로 2등분한 가래열매 콩포트를 8조각씩 2줄로 올린 다음, 비닐랩을 잡고 막대모양으로 만다. 냉장고에 넣고 식혀서 굳힌다.

8 7을 3㎝ 두께로 잘라서 접시 가운데에 담는다. 원형틀로 찍어낸 가래열매 젤리와 2㎜ 두께로 슬라이스한 가래열매 콩포트, 꼬투리강낭콩 샐러드를 담는다. 포트와인 리덕션과 허브소스를 뿌린다.

녹색 가래열매 콩포트

1 녹색 가래열매의 양쪽을 2㎜ 정도 잘라내고 물에 담가둔다. 2일에 1번 정도 물을 갈아주면서 1개월에 걸쳐서 쓴맛을 없앤다. 물이 투명해지면 완성.

2 냄비에 물과 가래열매, 가래열매 양의 10% 정도 되는 그래뉴당을 넣고 3시간 정도 약한 불로 뭉근하게 끓인다. 불에서 내려 남은 열을 식히고 냉장고에 넣는다.

3 2일 후 그래뉴당을 조금 추가하고 다시 3시간 정도 약한 불로 끓인다. 한 김 식히고 냉장보관한다.

4 그래뉴당을 조금씩 추가하면서 3을 1개월 정도 반복하여 당도를 높인다. 최종적으로 가래열매 분량의 40% 정도 되는 그래뉴당을 넣게 된다.

5 완성되면 저장용 병에 조금씩 나눠 담고 냉장보관한다.

허브 소스

1 물에 소금을 넣고 끓인 다음 시금치와 허브류의 잎을 데쳐서 얼음물에 넣고 식힌다. 물기를 짠다.

2 믹서로 갈아서 페이스트 상태로 만든다.

3 체에 내린 다음 보관용기에 넣어 냉장보관한다.

녹색 가래열매 젤리

1 가래열매 콩포트의 시럽에 물을 넣어서 맛을 조절하고, 레몬즙을 조금 넣어 신맛을 낸다.

2 1을 100cc 덜어서 펄아가 3g을 넣고 냄비에 넣어서 한소끔 끓인다. 트레이에 얇게 부어 그대로 굳힌다.

3 굳으면 크고 작은 원형틀로 찍어낸다.

닭간 토마토 솜사탕

棉花糖葫芦肝 멘화탕후루간

베이징의 길거리 포장마차에서는 여러 가지 과일과 채소를 꼬치에 꽂아 물엿을 바른 '빙탕후루(冰糖葫芦)'가 인기가 많다. 원래는 새콤달콤한 산사나무 열매로 만들었지만, 지금은 놀랄 만큼 그 종류가 다양하다. 여기에서 아이디어를 얻은 요리로, 방울토마토 안에 미리 만들어 둔 닭간 페이스트를 넣고 물엿을 바른 다음 그 위에 솜사탕을 감아서 만들었다. 중국요리 / 다무라 료스케(아자부초코)

재료 10개 분량
닭간 100g
밑간양념
  ┌ 사오싱주 15cc
  ├ 매괴로주(장미술) 5cc
  ├ 소금 1g
  └ 설탕 1g
방울토마토 10개
물엿
  ┌ 상백당 75g
  ├ 트레할로스 75g
  └ 물 40cc
솜사탕(설탕) 적당량

1 간은 피와 지방, 힘줄을 제거한다. 쓸개에 닿아서 색깔이 변한 부분은 잘라 낸다.

2 간을 볼에 담고 15분 동안 흐르는 물에 담가둔 다음 물기를 빼고 키친타월로 닦는다.

3 간을 진공팩에 넣고 밑간양념을 넣은 다음 공기를 뺀다. 하룻동안 냉장고에 넣어둔다.

4 50℃ 물에 진공팩을 넣고 30분 동안 가열한다.

5 간의 물기를 제거하고, 믹서로 갈아서 페이스트 상태로 만든다. 이것을 짤주머니에 넣고 식힌다.

6 방울토마토는 꼭지를 떼고 스쿱 등으로 속을 파낸다. 5의 간을 짜넣는다.

7 물엿을 바르기 쉽게 꼬치에 꽂는다.

8 냄비에 상백당, 트레할로스, 물을 넣고 가열한다. 타지 않도록 국자나 스푼으로 계속 저어주면서 온도를 160℃까지 올려서 물엿을 만든다. 트레할로스가 토마토의 수분을 흡수하기 때문에 오래 보관할 수 있다.

9 8을 7의 토마토에 얇게 발라서 굳힌다.

10 솜사탕기계로 토마토 주변에 솜사탕을 둘러준 다음, 꼬치를 빼고 접시에 담는다.

간을 속에 채운 방울토마토. 여기에 물엿을 바르고 솜사탕을 보기 좋게 감아준다.

가정용 솜사탕 기계를 사용.

치즈 닭간 파테

レバーチーズ 레바 치즈

닭간에 크림치즈를 넣어 먹기 좋게 만든 파테. 빵이나 채소스틱 등과 같이 먹으면 맛이 좋다. 공기가 닿지 않도록 냉장보관하면 1주일 정도 보관할 수 있지만, 그러기 위해서는 간을 완전히 익히는 것이 중요하다.

일본요리 / 가메다 마사히코(이후)

재료 만들기 편한 적당량
간(손질한 것) 200g
마리네이드액
├ 우유 500cc
├ 양파(듬성듬성 썬 것) 200g
├ 마늘(얇게 썬 것) 30g
├ 월계수 잎(건조) 3장
└ 세이지(건조) 1g
식용유 적당량
크림치즈 300g
버터(가염) 30g
소금 적당량
검은 후추 적당량

1 간에 붙어 있는 피, 힘줄, 혈관 등을 제거한다.
2 마리네이드액 재료를 섞어서 1의 간을 재운 다음, 냉장고에 넣고 하룻밤 정도 마리네이드한다.
3 다음날 체에 밭쳐 물기를 제거한다. 프라이팬에 식용유를 두르고 간과 마리네이드할 때 사용한 양파와 당근을 넣고 볶는다. 소금으로 간을 하고 완전히 익힌다.
4 크림치즈와 버터를 찜기에 넣고 따뜻하게 데운다.
5 푸드프로세서에 3을 넣고 갈아서 페이스트 상태로 만든 다음 체에 내린다. 이 과정을 마치면 냉동보관할 수 있다.
6 여기에 4의 크림치즈와 버터를 넣고 잘 섞는다. 맛을 보고 소금, 검은 후추를 적당히 넣어서 간을 알맞게 조절한다.
7 밀폐용기에 넣고 공기가 닿지 않도록 비닐랩을 겉면에 밀착시켜서 씌운 다음, 냉장고에 넣고 굳힌다. 이 상태로 1주일 정도 냉장보관할 수 있다.
8 먹을 만큼 접시에 담고 검은 후추를 뿌린다. 바게트를 얇게 썰어서 곁들인다.

베네치아풍 닭간조림

Fegato alla veneziana 페가토 알라 베네치아나

원래는 송아지 간으로 만드는 요리인데 여기서는 닭간을 사용하였다. 간을 양파와 같이 소테한 다음 화이트와인을 넣고 살짝 조렸다. 간은 폴렌타의 식감과 잘 어울릴 정도로 익히는 것이 좋다.

이탈리아요리 / 쓰지 다이스케(콘비비오)

재료 6인분
간 200g
양파(얇게 썬 것) 1개
올리브유 20g
화이트와인 50g
버터 20g
소금, 후추 적당량씩
폴렌타 1조각(2×12㎝)
이탈리안 파슬리(다진 것) 적당량
미뇨네트(검은 후추) 적당량
아마란사스 조금

폴렌타 17×23㎝ 사각틀 1개 분량
흰 옥수수가루 210g
우유, 물 250g씩
소금 8g

1 간은 혈관과 얇은 막을 벗기고 핏덩어리 등을 씻어낸 다음 우유(분량 외)에 하룻밤 담가둔다.

2 올리브유를 두른 프라이팬에 양파를 넣고 갈색으로 변할 때까지 약한 중간 불로 볶는다.

3 1의 닭간을 우유에서 건져내 물로 씻은 다음 2의 프라이팬에 넣고 볶는다. 익으면 화이트와인을 넣고 알코올을 날린다. 간과 양파가 잠길 정도로 물을 붓고 중간 불로 살짝 끓인다. 마지막에 버터를 넣어 녹이고 소금, 후추로 간을 한다.

4 폴렌타를 가늘고 긴 막대 모양으로 자르고 프라이팬에 구워서 접시에 담는다. 폴렌타 위에 따뜻하게 데운 3을 올리고 이탈리안파슬리와 미뇨네트를 뿌린 다음 아마란사스를 곁들인다.

폴렌타

1 냄비에 우유, 물, 소금을 넣고 가열한다. 끓기 직전에 흰 옥수수가루를 넣어 섞는다. 약한 불로 40분 정도 저어서 익힌다.

2 틀에 붓고 식혀서 굳힌다.

닭 내 장 꼬 치

鉢鉢鷄杂 보보지짜

닭내장을 꼬치에 꽂아서 어묵처럼 끓인 음식. 맵지만 개운한 맛의 '마라(麻辣) 육수'로 맛을 냈다. 내장에 따라 육질이 다르기 때문에, 삶는 시간을 조절해서 알맞게 익혀야 고유의 식감을 즐길 수 있다. 내장 외에 다리살 등을 사용해도 좋다.

중국요리 / 다무라 료스케(아자부초코)

재료 4꼬치 분량씩
닭간 200g
닭똥집 200g
염통 200g
백엽(百頁)* 150g
감자 300g
마라즙 적당량

마라 육수
마오탕(→ p.124) 1ℓ
소금 30g
등초유(藤椒油)** 30g
라조유 100g
참깨 10g

* 두부를 면보자기 사이에 넣고 압축시켜서 만든 가공식품.
** 등초(텅자오)라고 하는 녹색 산초 열매를 기름에 조려서 향을 낸 것.

1 간을 손질한다. 닭똥집은 반으로 자르고 이것을 다시 2등분한 다음 하얀 껍질을 벗겨낸다. 염통은 주위에 붙어 있는 기름과 얇은 막을 제거한 다음, 반으로 잘라서 물로 씻고 속에 남아 있는 피를 제거한다.
2 백엽은 2㎝ 너비로 자른다. 감자는 스쿱으로 둥글게 뜬다.
3 간, 닭똥집, 염통, 백엽, 감자를 각각 꼬치에 꽂는다.
4 마오탕(분량 외)에 소금(분량 외)을 조금 넣고 간꼬치는 80℃에서 10분, 닭똥집꼬치는 80℃에서 30분, 크기가 작은 염통꼬치는 80℃에서 5분 동안 삶는다. 백엽과 감자는 80℃에서 10분 동안 삶는다.
5 마라육수를 만든다. 재료를 냄비에 넣고 가열하여 끓으면 불에서 내리고 꼬치를 넣는다. 그대로 하룻밤 두어서 마라 육수 맛이 배이게 한다. 먹기 직전에 살짝 데운다.

닭똥집 콩피와 참마주아 프리카세

Fricasée de confit de gésier et MUKAGO 프리카세 드 콩피 드 제지에 에 무카고

가슴살과 안심은 원래 부드러워서 콩피로 만들지 않지만 닭똥집은 쫄깃한 식감의 단단한 부위로 콜라겐을 많이 함유하고 있어서 가열하면 매우 부드러워지기 때문에, 다리나 날개와 마찬가지로 장시간 저온으로 가열하는 콩피에 잘 어울리는 부위이다. 단맛과 신맛이 있는 소스로 버무리고 미뇨네트로 악센트를 준다.

프랑스요리 / 다카라 야스유키(긴자 레칸)

재료

닭똥집 콩피 3개 분량
참마주아(소금물에 삶은 것) 5개
꾀꼬리버섯 3개
소금 적당량
콩피에 사용한 라드 적당량
소스 30cc
줄 줄기(wild rice stem) 소테* 1개
차이브(작게 썬 것) 적당량
미뇨네트(검은 후추) 적당량

닭똥집 콩피

닭똥집 200g
소금 2.4g(닭똥집 무게의 1.2%)
흰 후추 0.4g
라드 200g

소스

청주 120cc
삼온당 50g
아카미소 40g
레드와인 식초 60cc
발사믹식초 30cc
퐁 드 보(송아지 육수) 50cc
카옌페퍼 조금

* 줄 줄기의 껍질을 벗긴다. 식용유를 두른 프라이팬에 올려 중간 불로 전체가 노릇노릇하게 굽는다. 소금으로 간을 한다. 위쪽 1/3 정도를 가로로 잘라낸 다음 먹기 좋게 잘라둔다.

1 프라이팬에 라드(콩피에 사용한 라드)를 넣고 중간 불에 올린 다음, 닭똥집 콩피, 참마주아, 꾀꼬리버섯을 넣고 타지 않게(데우는 느낌) 볶는다. 소금을 살짝 뿌린다.
2 1에 소스를 넣고 살짝 버무린 다음 불을 끈다.
3 줄 줄기 소테를 접시에 담고 2를 올린다. 그 위에 잘라둔 줄 줄기 윗부분을 올리고 프라이팬에 남아 있는 소스를 뿌린다. 마무리로 차이브와 미뇨네트를 뿌린다.

닭똥집 콩피

1 손질한 닭똥집(→ p.35)에 소금과 흰 후추를 넣고 버무려서 반나절 정도 그대로 둔다.
2 진공팩에 라드와 1의 닭똥집을 넣고 공기를 뺀다. 80℃ 물로 18시간 동안 가열한다.
3 익으면 잡균 번식을 막기 위해 얼음물에 넣어 빨리 식히고, 식으면 냉장보관한다.

소스

1 모든 재료를 볼에 넣고 거품기로 잘 섞어서 삼온당을 녹인다. 저장용기에 담아 보관한다.

속 채 운 통 닭 구 이

Pollo ripieno 폴로 리피에노

닭 뱃속에 다리살 다짐육으로 만든 속재료를 채워서 구운 요리. 속재료를 부드럽게 만들어야 먹기 좋다. 뱃속에 넣는 속재료에는 닭고기와 궁합이 좋은 레몬을 얇게 썰어서 넣었다. 예전에 요리를 배운 토스카나의 레스토랑에서 인기가 많았던 메뉴로, 소스를 뿌리지 않고 갓 구운 닭고기를 바로 먹는 것이 가장 맛있다. 취향에 따라 올리브유를 곁들여도 좋다.　이탈리아요리 / 쓰지 다이스케(콘비비오)

재료 4인분
닭(내장 제거) 1마리(1.1kg)
소금, 후추, 버터 적당량씩
속재료
 ┌ 다리살 다짐육 100g
 ├ 감자(노잔루비 품종)* 1개
 ├ 양파 1개
 ├ 세이지 잎 6장
 ├ 레몬(슬라이스) 3장
 ├ 올리브유, 소금 적당량씩
 ├ 그라나파다노치즈(가루) 적당량
 └ 버터, 소금 적당량씩

* 껍질과 속까지 모두 붉은 감자. 조금 긴 모양으로 고구마와 비슷하다. 가열해도 색이 변하지 않는 것이 특징이다.

1 닭에 소금, 후추를 뿌리고 1시간 정도 그대로 둔다.
2 속재료를 만든다. 감자, 양파를 한입크기로 썰고 소금물에 넣고 삶아서 물기를 제거한다.
3 냄비에 올리브유를 두르고 다짐육과 소금을 조금 넣고 가열한다. 저으면서 볶아서 다짐육을 익힌다.
4 볼에 3의 다짐육, 2의 감자와 양파, 버터, 그라나파다노치즈, 소금, 세이지 잎, 레몬을 넣고 섞은 다음 간을 맞춘다.
5 닭 뱃속에 버터를 바르고 4를 넣어 180℃ 오븐에서 40분 동안 굽는다.
6 접시에 지푸라기를 깔고 통닭구이를 배가 아래로 가게 올린 다음, 손님 앞에서 자른다.

바닷가재 자르디니에와 콩소메젤리

Salade de homard "jardinière" en consommé gelée 살라드 드 오마르 자르디니에르 앙 콩소메 줄레

바닷가재로 만든 플랑에 섬세한 맛의 콩소메 드 볼라유로 만든 젤리를 조합하였다. 바닷가재가 주재료이므로 크게 잘라서 존재감을 살리고, 악센트로 향이 있는 잎채소와 국화를 장식했다. 여러 가지 채소를 사용해서 색깔도 식감도 다양하지만 잘 어우러지게 만들었다.

프랑스요리 / 다카라 야스유키(긴자 레칸)

재료 4인분

바닷가재 플랑
- 바닷가재 육수* 100cc
- 생크림(유지방 35%) 60cc
- 우유 30cc
- 달걀 1개
- 달걀노른자 1개 분량
- 소금, 카옌페퍼 적당량씩

콩소메 드 볼라유(→ p.48) 200cc

셰리 식초 3cc

소금 적당량

곁들이는 재료
- 바닷가재 1마리(450g)
- 방울토마토(세로로 2등분) 4개 분량
- 미니당근(세로로 슬라이스) 8장
- 미니무(세로로 슬라이스) 8장
- 래디시(슬라이스) 8개
- 홍심무(슬라이스) 8개
- 아마란사스 12장
- 무순 12개
- 붉은 경수채 12장
- 비트(어린잎) 8장
- 국화 적당량
- 소금 적당량
- 비네그레트(→p.181) 적당량

* 바닷가재 머리(내장을 제거한 것) 1kg을 굵게 썰어서 올리브유로 볶는다. 다른 냄비에 당근(슬라이스) 1개 분량, 양파(슬라이스) 2개 분량, 마늘(가로로 2등분) 1개, 셀러리(슬라이스) 2대 분량을 넣고 올리브유를 둘러서 볶는다. 여기에 먼저 볶아둔 바닷가재 머리와 퓌메 드 푸아송(Fumet de poisson / 생선 육수) 2ℓ를 넣고 끓이면서 거품을 걷어낸다. 토마토 페이스트 2큰술, 토마토 2개를 넣고 45분 동안 뭉근하게 끓여서 조심스럽게 거른다. 좀 더 졸여서 간을 맞춘다.

1 바닷가재 플랑을 만든다. 모든 재료를 볼에 넣고 거품기로 잘 섞어서 다른 용기 위에 시누아를 올리고 거른다.

2 글라스에 각각 50cc씩 붓고 비닐랩을 씌운 다음 꼬치로 찔러서 구멍을 몇 개 낸다.

3 찜기에 넣고 12분 동안 가열한다. 꼬치로 찔렀을 때 반죽이 묻어나오지 않으면 찜기에서 꺼내고 비닐랩을 제거한다. 냉장고에 넣고 식힌다.

4 콩소메 드 볼라유를 끓이고 소금과 셰리 식초를 넣어 맛을 낸 다음 식힌다.

5 식힌 플랑 위에 4의 콩소메를 50cc씩 붓고 식혀서 굳힌다.

6 곁들이는 재료를 준비한다. 바닷가재 머리를 제거하고 꼬리와 집게다리(다른 다리는 그대로 둔다)를 분리한다.

7 끓는 소금물에 꼬리와 작은 집게다리는 3분, 큰 집게다리는 4분 동안 삶아서 얼음물에 넣고 식힌다.

8 껍데기를 벗기고 4인분으로 나눈다.

9 곁들이는 채소에 소금을 뿌리고 비네그레트를 넣어 버무린다. 익히지 않은 뿌리채소는 플랑이나 콩소메의 식감과 어울리지 않기 때문에 플레이팅하기 3분 전에 소금을 뿌려둔다.

10 플랑 위에 8의 바닷가재와, 9의 채소를 올린다.

닭고기가 건강에 좋은 이유는 무엇일까?

닭고기, 소고기, 돼지고기의 주성분인 단백질은 필수 아미노산이 균형 있게 포함된 양질의 단백질이다. 지방의 양은 닭고기에 껍질이 붙어 있을 때는 소고기나 돼지고기(모두 지방이 붙어 있는 상태)와 거의 비슷하다. 하지만 지방의 질이라는 관점에서 본다면, 닭고기에 포함된 지방산은 건강에 좋다고 알려진 생선과 소고기나 돼지고기의 중간 정도이다.

지방산에는 포화지방산과 불포화지방산 2종류가 있고, 불포화지방산이 많을수록 융점(지방이 녹는 온도)은 낮다. 닭고기 지방은 포화지방산의 비율이 낮고 불포화지방산의 비율이 높기 때문에 융점이 30~32℃로, 돼지고기(33~46℃)와 소고기(40~50℃)보다 낮은 것이 특징이다. 닭고기가 식어도 소고기나 돼지고기처럼 지방이 빨리 응고되지 않는 것은 이런 이유 때문이다. 불포화지방산 중에는 사람의 체내에서 합성되지 않고 먹는 음식 등으로 섭취해야 하는 필수지방산(다가불포화지방산)이 있다. 닭고기에는 필수지방산인 리놀산(n-6계)이 돼지고기의 약 1.3배, 소고기의 6~10배 많이 포함되어 있다. 리놀산은 혈압이나 혈당치의 저하, 동맥경화 예방에 도움을 준다고 알려져 있다.

육류는 종류에 관계없이 주성분인 단백질 이외에도 비타민과 미네랄의 공급원으로 가치가 높은 식품이다. 소고기는 철분함량이 돼지고기나 닭고기의 2~3배로, 빈혈예방·개선과 냉증 개선에 도움이 된다. 돼지고기에는 비타민B1이 소고기와 닭고기의 10배 이상 들어 있어서 피로회복에 도움이 된다. 또한 닭고기는 비타민A 함량이 소고기와 돼지고기의 몇 배나 되서 피부나 목 등 점막의 건강을 유지하는 데 효과가 있다. 피부와 점막, 또 면역세포의 원료이기도 한 단백질과 비타민A의 건강효과를 생각하면, 감기나 거친 피부가 걱정될 때 예방과 개선을 위해 닭고기를 섭취하는 것이 큰 도움이 될 것이다.

	칼로리 kcal	단백질 g	지방 g	철분 mg	비타민A μg	비타민E mg	비타민K μg
일본산 소고기다리살(지방 포함)	246	19	18	1.0	-	0.2	6
수입산 소고기다리살(지방 포함)	182	21	10	1.0	6	0.5	5
돼지고기다리살(지방 포함)	225	20	15	0.5	5	0.3	3
닭가슴살(껍질 포함)	191	20	12	0.3	32	0.2	35
닭가슴살(껍질 제외)	108	22	2	0.2	8	0.2	14
닭다리살(껍질 포함)	200	16	14	0.4	39	0.2	53
닭다리살(껍질 제외)	116	19	4	0.7	18	0.2	36

	비타민B1 mg	비타민B2 mg	나이아신 mg	비타민B6 mg	비타민B12 mg	엽산 mg	판토텐산 mg	콜레스테롤 mg
일본산 소고기다리살(지방 포함)	0.09	0.20	5.6	0.34	1.2	8	1.1	73
수입산 소고기다리살(지방 포함)	0.09	0.21	5.4	0.48	1.6	8	0.8	67
돼지고기다리살(지방 포함)	0.90	0.19	7.2	0.37	0.3	1	0.9	71
닭가슴살(껍질 포함)	0.07	0.09	10.6	0.45	0.2	7	2.0	79
닭가슴살(껍질 제외)	0.08	0.10	11.6	0.54	0.2	8	2.3	70
닭다리살(껍질 포함)	0.07	0.18	5.0	0.18	0.4	11	1.7	98
닭다리살(껍질 제외)	0.08	0.22	5.6	0.22	0.4	14	2.1	92

닭고기에 함유된 안세린, 카르노신은 어떤 것일까?

최근의 연구에 의하면 '이미다졸 디펩티드(Imidazole dipeptide)'라는 성분이 항피로(피로회복과 쉽게 피로하지 않는 상태를 만드는 피로예방)에 도움이 된다는 사실이 밝혀졌다. 바다를 빠른 속도로 계속 헤엄쳐다니는 다랑어(시속 60㎞)와 참치(시속 80~90㎞) 등의 회유어, 수천 ㎞를 쉬지 않고 나는 철새 등의 근육에 많이 포함되어 있는데, 그 운동능력을 지탱해주는 성분으로 이미다졸 디펩티드가 주목받고 있다. 이미다졸 디펩티드란 이미다졸기를 가지고 있는 디펩티드(아미노산 2개가 결합한 것)로, 최근 자주 화제가 되는 카르노신과 안세린도 포함된다. 이 성분은 동물의 근육에 포함된 것으로, 닭고기, 다랑어, 참치에 풍부하게 들어 있다. 그중 이미다졸 디펩티드가 가장 많이 함유된 것은 닭가슴살이다.(도표 참조)

노동자건강상황조사(후생노동부)에 의하면, 일본인 3명 중 1명이 만성피로로 고민하고 있다는 결과가 보고되었다. 어깨결림, 요통, 두통, 졸음 등의 신체적인 피로와 의욕저하, 불안함 등의 정신적인 피로에 의해 체내에 활성산소가 생기고, 활성산소의 영향으로 몸의 기능이 저하됨에 따라 작업효율이 저하(피로)된다는 것이 피로의 메커니즘이다.
지금까지의 연구에 의하면 항피로효과가 확인된 성분에는 이미다졸 디펩티드, 코엔자임 Q10, 구연산 등이 있는데, 그중에서도 가장 효과적인 것이 이미다졸 디펩티드라는 보고가 있다. 기대되는 효과로는 항산화, 근육피로와 근육통증 예방·감소, 강도 높은 운동의 지속성향상, 면역조절작용, 학습능력 향상, 우울증 감소, 혈당치 조절(당뇨병 예방), 안정피로 등이 있다. 러시아에서는 카르노신이 백내장 예방을 위한 점안약으로 인정받고 있다.

이미다졸 디펩티드는 수용성이기 때문에 고기를 삶거나 끓일 때 그 일부가 삶는 물이나 국물에 녹아 나온다. 구울 때도 지나치게 가열하여 육즙이 배어 나오면, 고기에 함유된 이미다졸 디펩티드는 줄어든다.
냉동과 냉장보관 중에는 기본적으로 줄어들지 않는다. 저장환경을 비교하는 연구에 따르면 다짐육과 같이 고기의 조직이 파괴된 상태로 냉장보관(3~5℃)할 경우, 고기에 함유된 단백질 분해효소의 작용이 강해지므로 이미다졸 디펩티드가 증가된다는 보고가 있다.

닭가슴살에는 이미다졸 디펩티드 외에도 간 기능 향상을 통해 피로회복에 도움이 되는 타우린(203mg/100g)이 어류와 비슷한 정도로 풍부하게 함유되어 있어서, 피로를 예방하는 데 큰 도움이 된다.

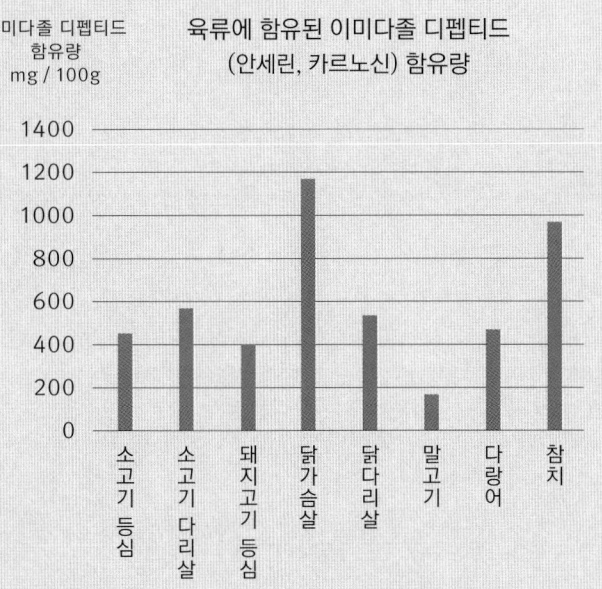

이미다졸 디펩티드 함유량
mg / 100g

육류에 함유된 이미다졸 디펩티드 (안세린, 카르노신) 함유량

소고기등심 / 소고기다리살 / 돼지고기등심 / 닭가슴살 / 닭다리살 / 말고기 / 다랑어 / 참치

출처 : 일본식품과학공학회지 (2006) 및 일본식생활학회지 (2000)

관 련 용 어

ㄱ

가르니튀르(garniture) 서양요리의 고명.

계화장(桂花醬) 물푸레나무 꽃을 소금에 절인 것.

계화진주(桂花陳酒) 물푸레나무 꽃으로 만든 베이징의 토속주.

고이구치(濃口) **간장** 일본 간장의 한 종류로, 색깔은 진하지만 염분 농도는 낮다.

구층탑(九層塔) 홀리 바질의 근연종으로 '타이완 바질'이라고도 부른다.

그로 셀(gros sel) 게랑드산 굵은 소금.

금화(金華) **햄** 중국의 발효햄.

꾀꼬리버섯(Girolle) 노란색의 야생버섯.

ㄴ·ㄷ

노잔루비 껍질과 속까지 모두 붉은 감자. 조금 긴 모양이며, 고구마와 비슷하다. 가열해도 색이 변하지 않는 것이 특징이다.

다마리 간장 일본 중부지방의 진한 맛과 감칠맛을 가진 간장.

다이하쿠(太白) **참기름** 참깨를 볶지 않고 짠 투명한 참기름.

데글라세(déglacer) 고기나 생선을 구운 다음, 구운 냄비에 액체를 부어서 냄비에 눌어붙은 육즙을 녹이는 것.

두시(豆豉) 노란 콩이나 검은콩을 물에 불려서 찌거나 끓인 후에 발효시켜 만든 조미료.

등초유(藤椒油) 텅자오(藤椒)라고 하는 녹색 산초 열매를 기름에 조려 향을 낸 것.

ㄹ

라구(ragù) 이탈리아요리에서 고기나 해산물을 잘게 자른 다음 조려서 만든 소스.

리덕션(reduction) 육수, 와인, 소스 등을 끓여서 걸쭉하게 만든 것.

리드보(Ris de veau) 송아지 췌장 또는 송아지 췌장으로 만든 요리.

리코타 살라타(Ricotta salata) 리코타치즈의 수분을 뺀 다음, 소금에 절여서 1개월 이상 숙성시킨 것.

리크(leek) 대파보다 굵고 단맛이 강한 서양 파.

ㅁ

마니게트(maniguette) 후추의 일종.

마데이라(Madeira)**주** 마데이라 제도에서 나는 포도주. 독특한 향미가 있고, 가장 오래 보존할 수 있는 것으로 유명하다.

마라(麻辣) **소스** 훠궈나 볶음요리 등에 자주 사용되는 소스로, 매운 사천 소스라고도 한다.

마유지(麻油鷄) 타이완식 삼계탕으로 참기름을 넣는 것이 특징.

마이야르 반응(maillard reaction) 환원당의 카르복실기와 단백질의 아미노기가 서로 반응하여, 작은 분자로 된 갈색 물질을 만들어내는 것.

말토섹(maltosec) 증점·응고제의 일종. 오일을 흡수하여 고체화, 분말화시킨다. 많이 넣을수록 농도가 점점 진해지면서 단단해지고, 마지막에 파우더 상태가 된다.

매괴로주(玫瑰露酒) 고량주를 증류하여 그 증기에 장미 향을 흡수시켜 만든 술.

모미지오로시(紅葉おろし) 무와 붉은 고추를 함께 간 것.

미뇨네트(mignonnette) 굵게 간 검은 후추.

미르푸아(mirepoix) 양파, 당근, 셀러리 등의 향미채소. 또는 그것을 잘게 다진 것.

미카와미린(三河みりん) 찹쌀로 만든 일본 아이치현의 전통 맛술.

ㅂ

백엽(百頁) 두부를 면보자기 사이에 넣고 압축시켜서 만든 가공식품.

본지리(ぼんじり) 닭 엉덩이 주위에 붙어 있는 살. 지방이 많다.

볼로티빈(borlotti bean) 담황색 꼬투리를 가진 흰색 콩. 이탈리아, 포르투갈, 터키 등지에서 인기 있는 식재료 중 하나이다.

볼오방(vol-au-vent) 소스로 버무린 어육이나 가금육 등을 채워 넣어 만드는 일종의 고기파이.

부라타(burrata) **치즈** 모차렐라에 크림을 섞어서 만든 이탈리아식 치즈.

붉은 가지(赤ナス) 일반 가지에 비해 부드럽고 쓴맛이 적으며 신맛이 있는 가지.

브레제(braiser) 프랑스식 조리법의 하나. 냄비에 육류, 생선, 채소 따위의 재료와 소량의 국물을 넣고 뚜껑을 덮어 찌는 방식이다.

ㅅ

사오싱주(紹興酒) 소흥주라고 하며, 누런 색깔을 띤 비교적 알코올 도수가 낮은 술.

산내 생강과 식물인 가랑갈(Kaempferia galanga)의 뿌리줄기를 둥글게 잘라서 말린 것.

산타나(Xantana) 증점제.

삼온당 백설탕에 열을 가해서 만든 황갈색을 띠는 설탕. 황설탕이라고도 한다. 감칠맛이 있어서 조림 등에 사용한다.

세뇨리타 피망 육질이 두툼하고 단맛이 있는 둥근 피망. 빨강, 녹색, 오렌지색, 금색이 있다.

소프리토(Soffritto) 잘게 썬 양파, 마늘 등을 기름 또는 버터로 옅은 갈색이 나게 볶은 것. 스튜나 수프의 베이스로 쓴다.

수크로 에뮬(Sucro emul) 식품첨가물회사인 스페인 sosa의 분말유화제. 수분이 있는 재료에 넣고 거품을 내면 내구성이 좋은 거품을 만들 수 있다.

쉬에(suer) 재료에서 수분이 나오도록 볶는 것.

슈토(酒盜) 가다랑어 내장으로 담근 젓갈.

스다레 후(すだれ麩) 밀가루에서 글루텐을 추출하여 밀가루나 떡가루 등을 섞어서 모양을 만든 다음, 삶거나 쪄서 햇빛에 말린 것.

시누아(chinois) 금속의 원뿔모양 체.

ㅇ

아로제(Arroser) 굽고 있는 재료의 표면에 재료에서 흘러나온 기름과 육수를 끼얹는 작업.

아리마산초(有馬山椒) 일본 효고현 아리마 지역의 특산품으로 녹색 산초 열매에 독자적인 양념을 넣고 조린 것.

아야메유키(あやめ雪) 위쪽 절반이 보라색인 작은 순무. 단맛이 있으며 육질이 촘촘한 것이 특징이다.

아카미소(赤みそ) 적갈색의 일본된장.

야산초(野山椒) '지천초(指天椒)'라는 이름의 풋고추를 절인 것.

옥살리스(Oxalis) 괭이밥. 옥살산(Oxalic Acid) 성분을 함유하고 있어서 잎을 뜯어 씹어보면 신맛이 난다.

올스파이스(allspice) 시나몬, 정향, 육두구를 섞은 것 같은 향이 있는 향신료.

우스구치(薄口) 간장 일본 간장의 한 종류로, 색깔은 연하지만 염분 농도는 높다.

위루(魚露) 생선으로 만든 소스.

ㅈ

장유고(醬油膏) 굴소스와 비슷한 타이완의 걸쭉한 간장.

조천랄초(朝天辣椒) 조천고추.

주양(酒釀) 식혜, 찹쌀로 빚은 단술.

줄(Wild Rice Stem) 벼과의 여러해살이풀. 보통 줄기를 살짝 데쳐서 다른 채소와 함께 볶아 먹는다.

ㅊ·ㅋ

초과 생강과 식물인 초두구의 열매를 말린 것.

칭탕(淸湯) 기름기나 건더기가 없는 맑은 국물.

카르나롤리(Carnaroli) 이탈리아의 대표적인 쌀 품종. 크고 갸름한 모양이며, 수분을 잘 흡수하기 때문에 리소토 등에 적합하다.

카트르 에피스(quatre e'pices) 후추, 정향, 육두구, 육계나무 껍질을 혼합한 향신료.

코코넛파인(Coconut Fine) 코코넛을 깎아 만든 가루.

쿨리(coulis) 농도가 진한 퓌레나 소스.

크레핀(crepine) 돼지나 소의 내장을 덮고 있는 그물 지방.

ㅌ

타라곤(tarragon) 프랑스어로는 에스트라곤이라고 부른다. 잎을 잘게 썰어 넣어 요리에 풍미를 낸다.

타마린드(tamarind) 타이의 과일로 강한 신맛과 약간의 단맛이 있다. 카레의 조미료, 청량음료의 재료 등으로 쓰인다.

트레할로스(Trehalos) 옥수수 등의 전분에 효소를 작용시켜 만든 당질. 설탕 대체품으로 쓰기도 한다.

ㅍ

파나드(Panade) 빵, 버터, 우유 등으로 만든 수프.

파르스(farce) 고기, 채소 등으로 속을 채워 넣은 요리.

펄아가(pearl agar) 해초와 콩류 추출 물질로 만든 응고제.

페코로스(Pecoross) 3~4cm 크기의 작은 양파.

폴렌타(Polenta) 옥수수 가루로 끓인 죽. 이탈리아 북부 프리울리지방의 전통음식이다.

퓌메 드 푸아송(fumet de poisson) 흰살생선과 뼈, 양파, 셀러리를 잘 볶아서 백포도주를 넣어 졸이고, 찬물을 부어 끓여 걸러서 사용한다.

프리카세(fricassée) 닭고기, 송아지, 양고기 등을 잘게 썰어 버터에 살짝 구운 다음, 채소와 같이 끓여 화이트 소스와 함께 먹는 요리.

플랑(flan) 달걀, 생크림 등의 재료를 섞어서 틀에 넣고 찐 요리.

플레이키 시솔트(Flaky sea salt) 입자가 굵은 뉴질랜드산 천일염.

플뢰르 드 셀(Fleur de sel) 프랑스 해안에서 전통 수작업으로 생산되는 소금.

피망 데스플레트(Piment d'espelette) 프랑스 바스크 지방의 고추를 말려서 만든 향신료.

피타로(ピ一太郎) 샐러드용으로 쓴맛을 줄여서 만든, 가는 모양의 새로운 피망.

ㅎ

하카(客家)족 타이완에 살고 있는 한족의 한 갈래.

핫포지(八方地) 맛술, 간장, 청주, 소금 등으로 맛을 낸 국물.

4개국의 닭요리 이름

	원어이름	발음	한국이름
프랑스	Poulet bouilli	풀레 부이	닭가슴살 냉채
	Suprêmes de volaille braiser	쉬프렘 드 볼라유 브레제	닭가슴살 브레제
	Salade de poulet et foie gras copeaux	살라드 드 풀레 에 푸아그라 코포	닭가슴살과 푸아그라 코포 샐러드
	Mousse de foie de volaille et compote de noix	무스 드 푸아 드 볼라유 에 콩포트 드 누아	닭간 무스와 가래열매 콩포트
	Coq au vin	코코뱅	닭고기 레드와인 조림
	Jus de volaille	쥐 드 볼라유	닭고기 육즙소스
	Consommé de volaille	콩소메 드 볼라유	닭고기 콩소메
	Terrine de volaille	테린 드 볼라유	닭고기 테린
	Fond blanc de volaille	퐁 블랑 드 볼라유	닭고기 흰색 육수
	Confit de cuisse de poulet	콩피 드 퀴스 드 풀레	닭다리 콩피
	Composition de cuisse de poulet et croquette d'escargot	콩포지숑 드 퀴스 드 풀레 에 크로켓 데스카르고	닭다리살과 달팽이 크로켓
	Fricasée de confit de gésier et MUKAGO	프리카세 드 콩피 드 제지에 에 무카고	닭똥집 콩피와 참마주아 프리카세
	Gelée d'aiguillette au coulis de pêches	줄레 데퀴예트 오 쿨리 드 페슈	닭안심 젤리와 백도 쿨리
	Poule au pot	풀오포	닭찜
	Shishikebab de poulet à la citronnelle	시시케밥 드 풀레 아 라 시트로넬	레몬그라스향 닭고기 시시케밥
	Poulet rôti	풀레 로티	로스트치킨
	Cuisse de poulet et figue rôti aux épices	퀴스 드 풀레 에 피그 로티 오 에피스	무화과를 채운 매운맛 닭다리 구이
	Salade de homard "jardinière" en consommé gelée	살라드 드 오마르 자르디니에르 앙 콩소메 줄레	바닷가재 자르디니에와 콩소메젤리
	Poulet au vinaigre	풀레 오 비네그르	식초맛 닭가슴살조림
	Aileron de poulet à l'oriental	엘롱 드 풀레 아 로리앙탈	오리엔탈 닭날개 구이
	Poulet sauté	풀레 소테	치킨소테
	Vol-au-vent à la financière	볼오방 아 라 피낭시에르	피낭시에르 볼오방
이탈리아	Pollo arrosto con salsa fegato	폴로 아로스토 콘 살사 페가토	간소스 닭다리살 구이
	Paté di fegato	파테 디 페가토	닭간 파테
	Spaghettini con ragù di pollo	스파게티니 콘 라구 디 폴로	닭고기 다짐육 수제 스파게티니
	Pollo alla diavola	폴로 알라 디아볼라	닭고기 디아볼라
	Bollito	볼리토	닭고기 볼리토
	Pollo alla cacciatora	폴로 알라 카차토라	닭고기 카차토라
	Raviolone di pollo	라비올로네 디 폴로	닭날개 라비올로네
	Risotto di pollo	리소토 디 폴로	닭날개 리소토
	Pollo allo spiedino	폴로 알로 스피에디노	닭다리살 스피에디노
	Tronchetti di pollo	트론케티 디 폴로	닭다리살 트론케티
	Zuppa di pollo al forno	추파 디 폴로 알 포르노	닭목살과 빵 그라탱 수프
	Ravioli di pollo in brodo	라비올리 디 폴로 인 브로도	닭안심 라비올리 수프
	Petto di pollo marinato con MIKAWA MIRIN	페토 디 폴로 마리나토 콘 미카와 미린	맛술 마리네이드 닭가슴살
	Fegato alla veneziana	페가토 알라 베네치아나	베네치아풍 닭간조림
	Pollo affumicato con burrata e salsa peperone rosso	폴로 아푸미카토 콘 부라타 에 살사 페페로네 로소	부라타치즈와 살사 페페로니 훈제안심
	Brodo	브로도	브로도
	Pollo ripieno	폴로 리피에노	속 채운 통닭구이
	Pollo arrosto con puré di patate	폴로 아로스토 콘 푸레 디 파타테	양상추 닭다리살 구이
	Insalata di pollo, salsa genovese	인살라타 디 폴로 살사 제노베제	제노베제 소스와 닭가슴살 샐러드
	Focaccia di ciccioli	포카치아 디 차촐리	치촐리 포카치아
	Cotoletta di pollo	코톨레타 디 폴로	치킨 커틀릿
	Pollo dorato	폴로 도라토	황금소스 닭다리살

	원어이름	발음	한국이름
일본	鶏まんじゅう	도리만주	닭고기 만두
	鶏山椒の炊き込みご飯	도리산쇼노 다키코미고한	닭고기 산초솥밥
	冬爪そぼろあんがけ	도우간 소보로 안카케	닭고기 소보로 동아조림
	鶏鍋	도리나베	닭고기 전골
	豊年蒸し	호넨무시	닭고기 찹쌀말이찜
	野菜の煮詰め 肉巻き	야사이노 니쿠즈메 나쿠마키	닭고기 채소구이와 채소말이
	鶏皮の煮凝り	도리카와노 니코고리	닭껍질 젤리
	焼鳥	야키도리	닭꼬치
	手羽と大根の炊き合わせ	데바네토 다이콘노 다키아와세	닭날개와 무조림
	椀物 鶏ささみの玉子豆腐	완모노 도리사사미노 다마고 도후	닭안심 달걀두부 맑은국
	唐揚げ	가라아게	닭튀김
	鶏だし	도리다시	도리다시
	松風	마쓰카제	마쓰카제
	自家製ハムと根菜のサラダ	지카세이 하무토 콘사이노 사라다	수제햄과 뿌리채소 샐러드
	ささみの石焼き 酒盗ソース	사사미노 이시야키 슈토소스	슈토소스와 닭안심 돌구이
	八幡巻き	야와타마키	야와타마키
	親子丼	오야코돈	오야코돈
	治部煮	지부니	지부니
	レバーチーズ	레바 치즈	치즈 닭간 파테
	チキン南蛮	치킨난반	치킨난반
	鶏天	도리텐	튀김옷을 입힌 닭튀김
중국	宮保鶏丁	궁바오지딩	궁보계정
	鶏绒銀条	지룽인탸오	닭가슴살 숙주볶음
	越南鶏飯	웨난지판	닭가슴살, 향미채소, 민트 강황밥
	棉花糖葫芦肝	멘화탕후루간	닭간 토마토 솜사탕
	空芯鶏元	쿵신지위안	닭고기 구멍완자
	鶏肉韭菜冷麵	지러우주차이렁멘	닭고기 다짐육과 부추 냉면
	鶏油	지유	닭기름
	鉢鉢鶏杂	보보지짜	닭내장꼬치
	栗子鸡春卷	리쯔지춘쥐안	닭다리살과 밤을 넣은 춘권
	野山椒鳳爪	예산자오펑좌	닭발과 고추절임
	青檸薄荷鶏	칭닝보허지	라임과 민트향 닭봉 튀김
	酸辣烩鸡絲	쑤안라후이지쓰	레몬거품과 후추파우더 닭가슴살채 수프
	毛湯	마오탕	마오탕
	風味烤鶏腿	펑웨이카오지투이	바삭한 향신료 닭다리 구이
	白切鶏	바이체지	백절계
	三杯鶏	싼베이지	삼배계
	怪味鶏脖	과이웨이지보	설탕옷 닭목살 튀김
	木姜油鶏柳	무장유지류	안심과 무장유젤리 파르페
	茶燻鶏	차쉰지	우롱차잎 훈제 정강이살
	麻油鶏舞茸米飯	마유지우룽미판	참기름맛 닭날개 잎새버섯 솥밥
	脆皮鶏	추이피지	추이피지
	蕃茄鶏皮	판체지피	토마토를 닮은 닭껍질 완자
	萌凤梨苦瓜鸡汤	인펑리쿠과지탕	하카족풍 닭다리, 여주, 파인애플된장 수프

저자 소개 (가나다순)

일본요리
가메다 마사히코 [亀田 雅彦]

1971년 도쿄 출생. 도쿄 니시아자부의 일본요리점 「쓰쿠시」의 미스미 히데 [三角 秀] 밑에서 일본요리를 배우기 시작했다. 1995년 미스미가 밥과 국 전문점인 「다누키」를 열게 되어, 당시 부주방장이였던 가메다가 운영까지 맡게 되었고, 십 년 동안 배우고 독립하였다. 일본요리를 가까이 느끼고 즐길 수 있도록 꼬치구이를 도입하기로 하고, 야키도리 전문점 「구시와카마루」에서 꼬치구이를 배우며 경험을 쌓았다. 2007년 도쿄·나카메구로에 일본요리점 「이후」를 열었고, 2012년에는 「이후」 바로 옆에 솥밥과 국을 파는 정식집 「도이로」를 열었다. 친근한 일본요리를 목표로 하는 영업방침이 빛을 발하여, 가게는 매일 만석이다.

이후 [いふう]
주소 도쿄도 메구로구 가미메구로 2-7-11
　　　[東京都 目黒区 上目黒 2-7-11]
전화 03-3715-8662

도이로 [といろ]
주소 도쿄도 메구로구 가미메구로 2-16-5
　　　[東京都 目黒区 上目黒 2-16-5]
전화 03-6412-8533

중국요리
다무라 료스케 [田村 亮介]

1977년 도쿄 출생. 고교 졸업 후 조리사전문학교에 진학, 졸업 후 중국요리의 길로 들어섰다. 광동요리 전문점 「스이코엔(가나가와·요코하마 중화가)」, 호남요리 전문점 「가쇼(도쿄·이케부쿠로)」에서 요리를 배우고, 2000년 「아자부초코(도쿄·니시아자부)」에 들어갔다. 2005년에는 전부터 바라던 타이완으로 건너가 사천요리, 정진요리 등 본고장의 중국요리를 직접 몸으로 체험하고 배워서 실력을 쌓았다. 2006년 귀국하여 「아자부초코 고후쿠엔」 주방장으로 취임하였고, 2009년에는 오너 셰프가 되었다. 이 책에서는 사천요리를 바탕으로 전에 배운 타이완의 가정요리나 길거리 음식 등을 응용하여 다양한 닭요리를 선보였다.

아자부초코 고후쿠엔 [麻布長江 香福筵]
주소 도쿄도 미나토구 니시아자부 1-13-14
　　　[東京都 港区 西麻布 1-13-14]
전화 03-3796-7835

프랑스요리
다카라 야스유키 [高良　康之]

1967년 도쿄 출생. 도쿄에서 고등학교를 졸업한 다음 「호텔 메트로 폴리탄(도쿄·이케부쿠로)」에 입사하여 프랑스 요리를 배우기 시작하였다. 그 후 프랑스로 건너가 2년 동안 프랑스요리를 배웠다. 귀국 후 「르 마에스트로 폴 보큐즈 도쿄」의 부주방장을 거쳐, 「난부테이(도쿄·히비야)」, 「브라스리 레칸(도쿄·우에노)」에서 주방장으로 일했다. 2007년부터 「긴자 레칸(2016년 현재 미키모토 빌딩의 리모델링으로 휴업)」의 주방장으로 일하기 시작하였고, 2017년에 완성되는 새로운 빌딩에서 오픈하기 위해 준비하고 있다. 알기 쉽게 자세히 설명해 주는 것으로 정평이 나 있으며, 각종 요리강습회 강사로 활동 중이다.

긴자 레칸(Ginza L'écrin)
(현재 빌딩 리모델링으로 휴업 중·2017년 봄 개업예정)
주소 도쿄도 주오구 긴자 4-5-5 미키모토빌딩
　　[東京都　中央区　銀座　4-5-5　ミキモトビル]

로티스리 레칸(Rotisserie L'écrin)
주소 도쿄도 주오구 긴자 5-11-1 [東京都　中央区　銀座　5-11-1]
전화 03-5565-0770

브라스리 레칸(Brasserie L'écrin)
주소 도쿄도 다이토구 우에노 7-1-1 아트레우에노 레트로관 1층 1020
　　[東京都　台東区　上野　7-1-1　アトレ上野　レトロ館　1階　1020]
전화 03-5826-5822

이탈리아요리
쓰지 다이스케 [辻　大輔]

1981년 교토부 출생. 20세에 이탈리아로 건너가 토스카나와 밀라노에서 약 5년 동안 요리를 배웠다. 귀국 후 「볼로 코지(도쿄·하쿠산)」의 셰프, 「비오디나미코(도쿄·시부야)」의 셰프를 거쳐서 2012년 「콘비비오」(도쿄·신주쿠)의 주방장으로 취임하였다. 2015년 신주쿠에서 기타산도로 이전하면서, 이탈리아에서 배운 요리를 바탕으로 현대적 연출이나 기법을 도입한 모던한 요리도 코스에 포함시켰다. 또한 일본요리점이나 타업종과의 제휴 등에도 적극적으로 참여하고, 요리의 폭을 넓히기 위한 시도를 계속하고 있다.

콘비비오(Convivio)
주소 도쿄도 시부야구 센다가야 3-17-12 가미무라빌딩 1F
　　[東京都　渋谷区　千駄ヶ谷　3-17-12　カミムラビル　1階]
전화 03-6434-7907

칼럼
사토 히데미 [佐藤　秀美]

학술 박사. 요코하마 국립대학을 졸업하고 9년 동안 전자회사에서 조리기기 연구개발을 하였다. 그 후 오차노미즈여자대학 대학원 석사, 박사 과정을 수료(식물학)하고, 여러 대학에서 교편을 잡는 한편 영양사 면허를 취득하였다. 현재 일본수의생명과학대학 객원교수. 저서로는 『맛을 만드는 열의 과학』, 『영양비법의 과학』, 『과학으로 보는 맛있는 요리－일본형 건강식 추천』, 『건강진단 2주일 전에 검사수치가 좋아진다!』, 『부엌의 과학～맛과 건강을 생각한다』, 『서양요리체계 제4권 조리비법과 과학(공저)』 등이 있다.

옮긴이 **용동희**

다양한 분야를 넘나들며 활동하는 푸드디렉터. 메뉴 개발, 제품 분석, 스타일링 등 활발한 활동을 이어가고 있다.
현재 콘텐츠 그룹 CR403에서 요리와 스토리텔링을 담당하고 있으며, 그린쿡과 함께 일본 요리책을
한국에 소개하는 요리 전문 번역가로도 활동하고 있다.

손질부터 조리까지 자세히 알려주는

닭요리의 기술

펴낸이 유재영 ┃ 펴낸곳 그린쿡 ┃ 엮은이 시바타쇼텐 ┃ 옮긴이 용동희
기 획 이화진 ┃ 편 집 박선희 ┃ 디자인 임수미

1 판 1 쇄 2016 년 12 월 10 일
1 판 4 쇄 2025 년 1 월 10 일
출판등록 1987 년 11 월 27 일 제 10-149
주소 04083 서울 마포구 토정로 53 (합정동)
전화 324-6130, 6131 팩스 324-6135

E 메일 dhsbook@hanmail.net
홈페이지 www.donghaksa.co.kr
　　　　　www.green-home.co.kr
페이스북 www.facebook.com / greenhomecook

ISBN 978-89-7190-580-7 13590

• 잘못된 책은 바꾸어 드립니다 .

일본어판 스텝 디자인 나카무라 요시로 (yen) ┃ 촬영 아마가타 하루코 ┃ 편집 사토 준코